TEJIDOS INTELIGENTES

INNOVANT PUBLISHING
SC Trade Center: Av. de Les Corts Catalanes 5-7
08174, Sant Cugat del Vallès, Barcelona, España
© 2020, Innovant Publishing
© 2020, Trialtea USA, L.C.

Director general: Xavier Ferreres
Director editorial: Pablo Montañez
Coordinación editorial: Adriana Narváez
Producción: Xavier Clos
Diseño de maqueta: Oriol Figueras
Maquetación: Mariana Valladares
Redacción: Sergio Canclini
Edición: Ricardo Franco
Corrección: Karina Garofalo

ISBN: 978-1-68165-877-3
Library of Congress: 2021933860

Impreso en Estados Unidos de América
Printed in the United States

NOTA DE LOS EDITORES:

ÍNDICE

INTRODUCCIÓN

El desarrollo de los *smart textiles* (textiles inteligentes) y de las *wearables technologies* (tecnologías vestibles) parece, a simple vista, promisorio. Un informe de Advanced Technologies and Projects (ATAP) de Google asegura que en 2025, una de cada diez personas conectará sus prendas a internet. El Centro de Investigación Económica Europea, en tanto, estima que este mercado representará unos 5.000 millones de euros en 2022. Esto, claro, en el marco de un consumo de ropa que parece no tener límites. Según la Fundación Ellen MacArthur, la producción mundial de vestimenta pasó de 50.000 millones de prendas en 2000 a 100.000 millones en 2015. Solo en España cada persona gasta unos 450 euros anuales en este rubro, de acuerdo con lo dicho por Gema Gómez, directora de Slow Fashion Next. Sin embargo, después de casi dos décadas de desarrollos, estas tecnologías «vestibles», a las que no hay que confundir con los *smartwatch* ni con los Google Glass, parecen restringidas a consumidores sofisticados, dispuestos a pagar bastante más por ellas. La T-shirt luminiscente, unisex, de CuteCircuit (292 euros) es un ejemplo y el vestido Noctulia, hecho con la tela de fibra óptica Lumigram (12.999 euros), es otro.

La industria textil tiene por delante el desafío de ser más amigable con el medio ambiente (el poliéster, derivado de la petroquímica, es la fibra más utilizada) y en 2020 esto parece ser una prioridad. Sin embargo, no deberá perder de vista los proyectos con visión de futuro que plantean las nuevas telas emparentadas con la tecnología. Producirlas de manera masiva para reducir sus costos y comunicar sus ventajas de forma más eficiente constituyen otro desafío. Porque manejar el móvil con solo mover el cuerpo, mandar un abrazo a distancia, lograr que los hipoacúsicos sientan la música en el cuerpo, usar camisas que no se manchan o, incluso, crear nuestra propia ropa con fibras en *spray* son proyectos que se están haciendo realidad a una velocidad inimaginable. La velocidad que impone el siglo XXI.

DEL ALGODÓN A LOS ACRÍLICOS

Naturales, artificiales y sintéticas

Muchas veces, a simple vista, las telas de una y de otra prenda parecen iguales. Sin embargo, sus materias primas tienen orígenes distintos. Conocerlos nos ayudará a saber más sobre la evolución de la industria textil.

Etiqueta de una prenda que indica la composición de sus tejidos, en este caso, artificiales (viscosa) y sintéticos (poliamida o nailon, poliéster y lurex).

La etiqueta de alguna de las prendas que tenemos en el armario puede darnos pistas sobre el presente de la industria textil. Por ejemplo, esa camiseta que compramos durante unas rebajas en la elegante tienda Zara de la calle Serrano, en Madrid. Verá que tiene un 81% de algodón, una fibra de origen vegetal, y un 19% de nailon, una fibra sintética. Es decir que quizá el próximo verano usaremos una prenda compuesta por dos de las fibras más utilizadas en esta industria: el algodón y el nailon.

Esta combinación, que salta a la vista en esa pequeña etiqueta que pasa inadvertida para la mayoría, es un ejemplo del uso de fibras naturales y artificiales. Pero, antes que nada, debemos conocer un poco más sobre fibras textiles. Según explican Asis y Sweta Patnaik en *Fibers to Smart Textiles* (2020), la principal característica de estas fibras es que el largo debe medir cientos de veces su diámetro, una ecuación que resulta crucial en cuanto a cualidades como flexibilidad y finura. Agregan que una de las clasificaciones más utilizadas para estas fibras es su origen: natural, artificial o sintético.

Las naturales son las más antiguas de la familia textil por una razón bastante simple: aparecen de esta forma en la naturaleza y su conversión a hilos y luego a tela es menos compleja. Algunos ejemplos son el ya presentado algodón, el lino, la seda y la lana,

La celulosa es un polímero natural que puede extraerse de árboles para transformarse en una masa viscosa y luego en fibras. Las principales son lyocell (proviene de árboles, como el eucalipto y la haya), soja, quitosina o chitosán (de hongos o crustáceos), leche, bambú y maíz.

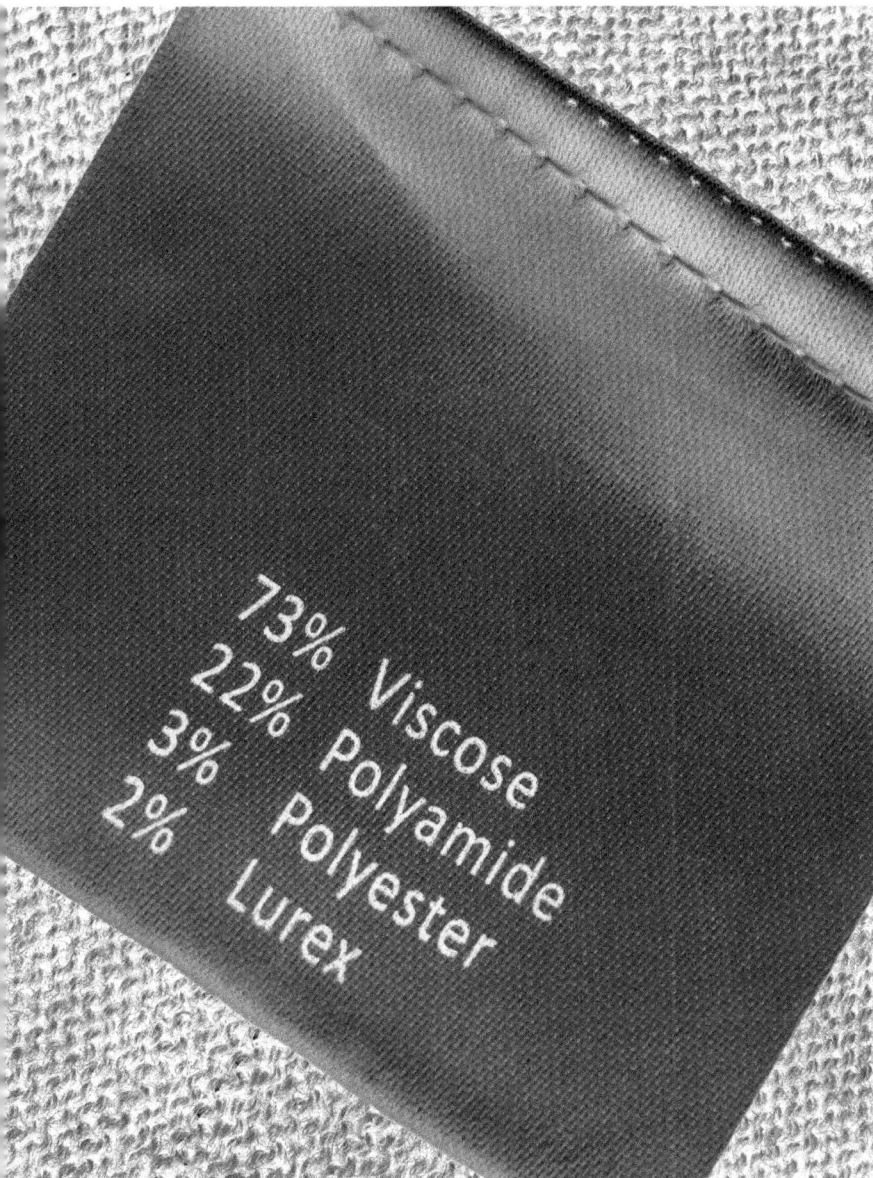

73% Viscose
22% Polyamide
3% Polyester
2% Lurex

por citar algunas de las más utilizadas. También tienen su origen en la naturaleza las fibras artificiales, que no se presentan en forma de fibra sino como celulosa, lo que hace que necesiten un proceso de elaboración algo más complejo. La celulosa es un polímero natural que puede extraerse de árboles para transformarse en una masa viscosa y luego en fibras. Las principales son lyocell (proviene de árboles, como el eucalipto y la haya), soja, quitosina o chitosán (de hongos o crustáceos), leche, bambú y maíz. El valor de estas fibras aumentó en los últimos años, ya

que se las considera ecológicas, sobre todo porque su producción reduce el consumo de agua y la emisión de gases de efecto invernadero, como veremos más adelante.

Finalmente, en esta clasificación se encuentran las fibras sintéticas, cuya materia prima son derivados del petróleo y cuyo nacimiento ocurrió en el laboratorio. Desde el punto de vista químico, son moléculas que se transforman en polímeros. Industrialmente, se trata de pequeñas bolitas que pasan por un proceso de calor y mecánico para convertirse en masa, y luego en fibra. Las principales son el nailon, el poliéster y la lycra. Muchas veces, como en el ejemplo de la camiseta, las fibras artificiales se combinan con las naturales para mejorar sus cualidades.

PRIMERO FUERON EL ALGODÓN, LA LANA Y LA SEDA

13

La Primera Revolución Industrial comenzó en Inglaterra, en el siglo XVIII, con maquinarias dedicadas a la producción de textiles. Como explica el doctor en Historia Moderna y Contemporánea Eduardo Montagut Contreras en «La Revolución del algodón en Inglaterra», esta fibra natural estuvo en el centro de los cambios. Con grandes plantaciones en América del Norte, Egipto y la India, se convirtió en una materia prima abundante y barata que reemplazó a la lana, la fibra dominante desde la Edad Media. Una vez que la nueva maquinaria desarrollada en el siglo XVIII bajó los costos de producción, el algodón se convirtió en el patrón oro de los textiles, en la fibra de referencia, en especial para comparar con las artificiales y sintéticas, y con los textiles inteligentes. Una categoría que mantiene hasta el presente.

Conocida desde el Antiguo Egipto y por los indios pima en América (Colón le llevó a la reina Isabel una madeja con hilo de algodón), entre otras culturas, la fibra de algodón se encuentra en la semilla de la planta y es celulosa pura. Su largo va de los 10 a los 65 mm y su diámetro de 1 a 22 micras (la milésima parte de 1 mm), con lo que cumple con la principal característica de la fibra textil: un largo que supera muchas veces el diámetro. El

El algodón se presenta en forma
de fibra de manera natural.

hilo obtenido de una fibra larga es más resistente y regular. Por
eso el hilo de fibra corta suele utilizarse para ropa de trabajo; el
de fibra media, para ropa íntima o camisetas de deporte, y el de
fibra larga (más caro), para batistas o popelines. De resistencia
media y más robusta cuando la fibra está húmeda, soporta un
lavado enérgico pero su elasticidad es baja. Buena conductora
de la electricidad y el calor, la tela de algodón resulta muy agradable a la piel. Y hay más ventajas: resiste los disolventes orgánicos (puede lavarse en seco)
y los detergentes fuertes, y se
puede planchar a temperaturas elevadas. Desventajas: la
luz solar la oxida (el blanco
se amarillea), puede ser víc-
tima de los hongos y su elaboración requiere gran cantidad de agua.

*El hilo de fibra corta
suele utilizarse para
ropa de trabajo; el de
fibra media, para ropa
íntima o camisetas de
deporte, y el de fibra
larga (más caro), para
batistas o popelines.*

Por supuesto, la lana mantiene un lugar destacado entre
las fibras naturales, como nos
informan las etiquetas de los
jersey que usamos en invierno.
Integrante de la vestimenta
desde el Neolítico y con un gran desarrollo en la Edad Media, sigue
reinando al momento de brindar abrigo. El largo de sus fibras
puede ir de los 5 a los 9 cm, con un diámetro de 16 micras (lana
superfina de merino, similar a la cachemira) a 40. Compuesta de
queratina (proteína similar a la encontrada en las uñas, por ejemplo), proviene de la piel de animales, como la oveja, la cabra y la
alpaca. Resulta fácil de hilar y las telas tienen mayor grosor que
otros textiles, proveen mejor aislamiento térmico y resultan resi-
lientes, elásticas y durables.

La seda, en tanto, comenzó a utilizarse en la antigua China, donde era conocida como la reina de los tejidos, un título que conserva si pensamos en prendas de cierto lujo. La seda proviene del gusano de seda (*Bombyx mori*), cuya oruga utiliza una secreción viscosa para formar un capullo, como explican en *Fibers to Smart Textiles*.

Un filamento de seda es un hilo continuo de gran fuerza, que mide entre 500 y 1.500 m, con un diámetro de 10 a 13 micras. La estructura triangular de la fibra actúa como un prisma que refracta la luz y brinda a la tela un brillo natural que la distingue de otras. De buena absorción y baja conductividad, puede teñirse con facilidad.

Hilos de seda y capullos del gusano
que produce esta fibra (*Bombyx mori*).

REPUBLIQUE FRANÇAISE
30 f
Collodion
1839. CHARDONNET. 1924
LA SOIE ARTIFICIELLE
C MAZELIN
POSTES

18 LAS FIBRAS SINTÉTICAS:

EL NAILON Y EL POLIÉSTER

Precisamente fue la búsqueda de un sustituto de la seda natural, una fibra mucho más cara que la lana o el algodón, lo que llevó a Hilaire de Chardonnet (1839-1924) a una invención que le dio notoriedad. En 1899, durante la Exposición de París, Chardonnet presentó la seda artificial, una fibra obtenida a partir de la celulosa que, desde 1924, sería conocida como rayón o viscosa. Como ocurre con otros tejidos artificiales, un proceso químico transforma las características originales de la materia prima, y por eso el rayón también recibe el más ilustrativo nombre de fibra de celulosa regenerada. Por otra parte, al igual que otras fibras artificiales y sintéticas, su producción incluye un proceso llamado extrusión.

Fruto de la investigación en el laboratorio, el nailon o poliamida se convirtió en la primera fibra sintética. Nació en los laboratorios de Wallace Carothers (1896-1937), quien trabajaba con unas moléculas gigantes llamadas polímeros, formadas por otras moléculas más pequeñas. La compañía DuPont contrató a Carothers y en 1939 comenzó a producir nailon 6.6, denominación que indica que el polímero está compuesto por dos grupos de 6 carbonos

Estampilla conmemorativa de
Hilaire de Chardonnet, realizada
por el Correo francés.

cada uno, mientras que la poliamida 6 tiene 6 carbonos en unidades que se repiten. La presencia de carbono asegura su resistencia, y por eso el nailon 6 es menos resistente que el 12. El nombre comercial, castellanizado por la Real Academia Española, en cambio, no hace referencia a nada en especial sino que tiene un sonido agradable, como *rayón*.

En 1940 las tiendas comenzaron a vender las medias de nailon, que conquistaron a miles de mujeres de manera casi inmediata. La llamada fibra milagrosa resiste la abrasión y el agua de mar, tiene excelente elasticidad y es apta para el lavarropas. Sin embargo, también presenta acumulación estática, mal tacto, falta de comodidad y baja resistencia a la luz solar.

Claro que la historia de los tejidos artificiales solo había comenzado con el nailon. En 1941 la empresa Imperial Chemical Industries (ICI), del Reino Unido, presentó otro tejido que resultaba más suave al tacto, mejor a la hora de secarse y que se arrugaba menos: el poliéster. Su historia está relacionada con las investigaciones de Carothers porque él también trabajó con polímeros de poliéster. Sin embargo, DuPont suspendió esa variante en favor del nailon y esos estudios pasaron a la ICI, que bautizó al poliéster

19

EL RAYÓN

Aunque basada en un producto natural, la celulosa, la seda artificial, rayón o viscosa constituyó un gran avance en el desarrollo de textiles artificiales y sintéticos. Su producción aumentó en las décadas de 1920 y 1930, cuando encontró su lugar en las medias femeninas. En 1940 nació el rayón de alta tenacidad para neumáticos y en 1955 el rayón alto módulo de humedad (HWM, nombre comercial modal) o polinósico. Los tejidos de esta fibra son muy absorbentes, fáciles de teñir y económicos. Como el lustre, la longitud y el diámetro se pueden controlar, a partir del rayón se obtienen telas similares al algodón, el lino, la lana y la seda. Si bien es vulnerable a los ácidos y el moho, no lo afecta tanto la luz solar y soporta el planchado a alta temperatura.

Maniquíes con
medias de colores.

como Terylene (en España, terlenka).
Después de la Segunda Guerra Mundial, en
1946, DuPont compró la patente del poliéster para Estados Unidos y le dio el nombre
comercial de Dacron.

El poliéster se convirtió en la fibra sintética de mayor uso, categoría que mantiene en la actualidad (60% del total de las
fibras), sobre todo en la llamada *fast fashion*,
de bajo costo. Nace de la reacción entre el
dimetil tereftalato y el etilenglicol, que
da por resultado el polímero denominado
polietilentereftalato (PET), de amplia utilización en el sector. Uno de sus primeros
usos fueron las camisas, las blusas y los trajes porque su alta resistencia evita el enco-
gimiento y las arrugas. Además, se adapta
a las combinaciones textiles porque mantiene las características de la fibra natural.
Sin embargo, el poliéster tiene baja absorción de humedad –aunque puede transpor-
tarla en su superficie (desorción)–, conduce electricidad estática y puede producir
picor o eccemas en pieles delicadas. Desde
el punto de vista del ambiente, sus detractores señalan que como el PET no es biodegradable y como durante el lavado desprende microfibrillas que llegan a los des-
agües, contribuye a la contaminación y a
la formación de residuos eternos, incluso
mezclado con fibras naturales. Por otra
parte, su producción triplica las emisiones

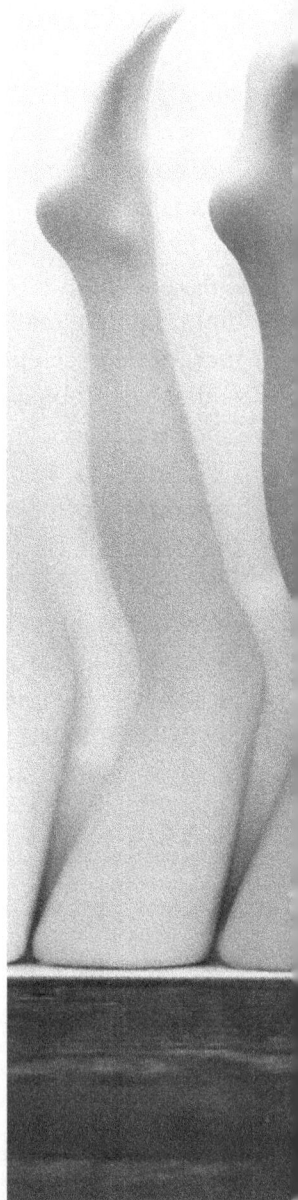

20

Las medias de nailon
poseen gran elasticidad.

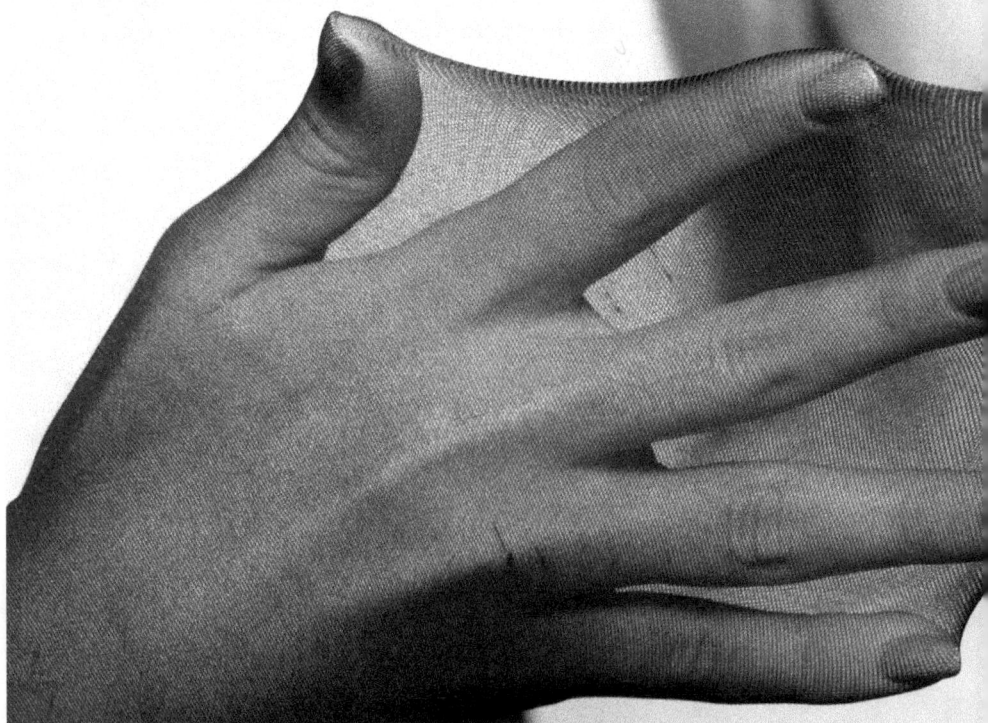

Los chips de poliéster se obtienen por
extrusión de un material elaborado
por la industria petroquímica.

de CO_2, en comparación con el algodón. Desde algunas plataformas de moda sostenible, como Slow Fashion Next, prácticamente le han declarado la guerra al poliéster.

LYCRA EN CASI TODAS LAS PRENDAS

Otra fibra sintética está presente en muchísimas de las prendas de uso cotidiano: la lycra. Marcó una verdadera revolución en la ropa íntima y de baño a fines de los años 1950, cuando hizo su aparición la Fibra K, creación de Joseph Shivers (1920-2014). También producida de manera industrial por DuPont desde 1958, su nombre comercial es lycra (o spandex, en referencia a la voz inglesa *expand*) y su nombre químico, elastano, un polímero que posee un 85% de poliuretano segmentado. Su principal característica es que puede estirarse hasta 6 veces su longitud y volver a su estado original.

Al principio, la lycra sustituyó al hule (el elastómero más antiguo, obtenido por coagulación del látex) y, a diferencia de este, se puede teñir, dura más y resiste el sudor y las manchas de cosméticos. Luego de reemplazar a la goma en los corsés, su uso se extendió a las medias, la ropa íntima, la deportiva y, en especial, la de baño, porque resiste el agua salada o tratada con cloro. Además, desde 1979, integra una de las telas más populares, el denim, que así adquiere características de elasticidad. Como todo tejido basado en la petroquímica, el elastano no resulta tan amigable con el medio ambiente. Por eso, en 2014 DuPont presentó un elastano que proviene de dextrosa derivada del maíz en alrededor del 70%.

La producción industrial de las fibras acrílicas también empezó en la década de 1950, a base de un 85% de acrilonitrilo, otro polímero sintético, obtenido en Alemania por primera vez en 1938. DuPont presentó el orlon en 1950 y luego salieron al

Por su resistencia al agua salada, la lycra
es ideal para las camisetas de surfistas.

Desfiles realizados en Miami
para mostrar mallas y biquinis
confeccionados con la fibra lycra Xtra
Life, muy resistente al agua clorada.

LA ÚLTIMA LYCRA, POR AHORA

En 2019, en el evento Intertextile Shanghai (China), DuPont presentó la tecnología Fit Sense para su fibra lycra. Se trata de una dispersión acuosa que tiene la misma molécula que la lycra y se imprime en un tejido que contenga esta fibra sintética. Además de combinarse con efectos visuales (como bloques de color), elimina los paneles cosidos y las costuras que reducen la movilidad o producen incomodidad. Entre sus aplicaciones, se destacan las prendas denominadas *activewear* (deportivas) e íntimas.

mercado acrilán (1952), zefrán y creslán (1958). Estas fibras son suaves, ligeras y elásticas; resisten la luz solar y la intemperie. Son exitosas en prendas que antes solo se confeccionaban con lana porque proporcionan calor a pesar de ser ligeras. Además, son más suaves y fáciles de cuidar. Pueden lavarse en seco y resisten las polillas y los hongos.

Dentro de las acrílicas, existe una subespecie: las modacrílicas, con un mayor porcentaje de otros polímeros (copolímeros). La primera fue el dynel (1949), a la que siguieron verel y SEF. Como tienen gran resistencia al fuego, se usan en ropa para dormir de niños, cortinas e imitación de pieles y pelucas. Suaves y elásticas, resisten los ácidos, el moho, las polillas y la luz solar. Soportan el lavarropas, aunque suelen formar pelusas y se planchan a baja temperatura.

La lista de tejidos sintéticos siguió creciendo con los años. Entre ellos se encuentran el polipiel o cuero sintético (fibras de poliéster recubiertas de poliamidas y PVC), el goretex (membrana que se adhiere a distintos tejidos, muy liviana, presente en muchas chaquetas), el Kevlar (una de las fibras con más resistencia, utilizada en prendas antibala) y el polartec (vellón sintético confeccionado con fibras recicladas de PET, que imita a la lana y resiste el agua). Faltaba aún para los tejidos inteligentes, pero la senda ya estaba marcada.

EN SINTONÍA CON EL AMBIENTE

Fibras ecológicas

El uso masivo de telas sintéticas ha puesto en jaque a la industria textil. Sus materiales son no renovables y resultan poco amigables con el ambiente. Por eso las fibras realizadas con elementos casi ilimitados pero poco emparentados con la moda tienen cada vez más adeptos.

De los eucaliptos proviene la
materia prima de fibras a base
de celulosa, como lyocell.

La inteligencia, en este caso, no pasa por la incorporación de componentes electrónicos ni por tejidos que lleven en sus hilos. Las prendas con fibras ecológicas responden a la necesidad de disminuir el uso masivo de tejidos artificiales. Porque, aunque destacados por sus ventajas, sobre todo al ser combinados con el algodón y la lana para mejorar sus propiedades originales, tienen efectos no deseados.

En primer lugar, los tejidos sintéticos se hacen con materias primas que provienen del petróleo, un recurso no renovable y su proceso de fabricación puede ser contaminante. El renovado interés ambientalista ante la magnitud del cambio climático hizo resurgir el uso de materiales amigables con el planeta.

En este contexto, desde hace años, han aumentado los proyectos y los productos orientados a textiles basados en recursos renovables. Son fibras que provienen de polímeros naturales que se encuentran en la naturaleza y, con la intervención del hombre, en el desarrollo de procesos se transforman en fibras textiles, por eso se las denomina artificiales. A diferencia del algodón, el lino, la seda y la lana, requieren un proceso intermedio que convierte la materia prima en fibra y luego a esta en hilo, para finalmente obtener la tela. Aunque el agregado de sustancias químicas en este proceso puede poner en jaque sus propiedades medioambientales.

DE LOS ÁRBOLES

Las modernas fibras de celulosa están emparentadas con el ya descrito rayón, patentado por Hilaire de Chardonnet en 1885. Un año antes había tenido éxito al dominar las fibras de nitrocelulosa, pasándolas a través de pequeños orificios, endureciéndolas con aire caliente y tratándolas de forma química para transformarlas de nuevo en celulosa, como explican las profesoras de la

Detalle de una blusa realizada con tela lyocell.

Universidad del País Vasco Alazne Porcel Ziarsolo y Enara Artetxe Sánchez en el artículo «Una introducción a los textiles artificiales en las colecciones de indumentaria del siglo XX y su conservación» (2015). El avance logrado por Chardonnet consiste, principalmente, en haberle quitado sus propiedades explosivas a la nitrocelulosa para crear esta tela similar a la seda natural.

Si la viscosa había nacido como una alternativa más barata que la seda natural, luego comenzó la búsqueda de un tejido que la superara. Una variante que surgió en la década de 1950 fue el modal o rayón HWM (High Wet Modulus), también llamado polinósica. El modal aumenta la impermeabilidad de la viscosa y, a diferencia de ella, resiste el centrifugado. Mientras que la viscosa en general proviene del eucalipto, el modal se obtiene de un proceso modificado del rayón convencional. En ambos casos, la deforestación derivada de la necesidad de su materia prima y el uso de productos químicos contaminantes les han jugado en contra.

De la celulosa del eucalipto o la haya también se produce lyocell, elaborada por la empresa austríaca Lenzing desde 1997 (posee su nombre comercial, Tencel, desde 2004) mediante un proceso de hilado en disolvente orgánico, que recicla el agua y reutiliza el disolvente. Como explica Lenzing en su página web, el primer paso consiste en obtener la pulpa mediante digestores químicos para ablandar la madera. Luego, la pulpa se lava con agua (en algunos casos, se blanquea), se seca y se enrolla en bobinas. Para disolverla, hay que romperla en pequeños trozos y cargarla en contenedores calientes y presurizados llenos de óxido de amina. Tan pronto como la celulosa se disuelve en una solución clara, es expulsada a través de un filtro. La solución obtenida se bombea a través de hileras (cada hilera parece un cabezal de ducha: cuando la celulosa es forzada a través de ella, salen hebras largas de fibra). Las fibras obtenidas pasan a través de un área de acabado, donde se aplica un lubricante (jabón, silicona o algún otro agente). Esto ayuda a desenredar las hebras

Desfile del diseñador Wen Chen, en China, con prendas realizadas en Tencel (lyocell).

Las telas de lyocell se arrugan menos y es poco probable que encojan o pierdan su forma durante el lavado. Y aunque sus aplicaciones son similares a las del algodón, su principal desventaja estriba en su costo, bastante superior.

de fibra y evitar la carga estática, y facilita el proceso de cardado y la hilatura posterior. Las hebras secas y terminadas se denominan remolque, un gran paquete de filamentos no retorcidos. Este remolque es comprimido por una máquina de prensado para darle textura y volumen. Una vez cortadas las fibras de una longitud definida, pasan por una máquina cardadora con guarniciones metálicas para separar las fibras y formar una cinta cardada, que seguirá el proceso de hilatura hasta la obtención del hilado con el grosor deseado. Los hilados obtenidos posteriormente pueden ser utilizados tanto en tejidos de punto como en tejidos planos o de calada.

Los productores de lyocell aseguran que esta fibra es más eficaz que el algodón o el poliéster a la hora de absorber humedad. Entre sus ventajas, cabe destacar su suavidad, porque tiene pequeñas fibras hidrófilas que favorecen la absorción de la humedad de la piel y ayudan a mantener el cuerpo fresco. Las telas de lyocell también se arrugan menos y es poco probable que encojan o pierdan su forma durante el lavado. Y aunque sus aplicaciones son similares a las del algodón (prendas en denim, íntimas, de lujo, calzado y accesorios para el hogar), su principal desventaja estriba en su costo, bastante superior.

En una mejora respecto a la viscosa, Lenzing ha certificado que trabaja con bosques gestionados de manera sostenible y también ha desarrollado un método de elaboración, denominado Refibra, que aprovecha los residuos del algodón. Cabe recordar aquí que una de las principales críticas al algodón es la gran cantidad de agua que se necesita para su tratamiento: alrededor de 20.000 L/k, según la Fundación Vida Silvestre (WWF). En cambio, se utiliza muy poca agua para la producción de lyocell.

DE LOS CRUSTÁCEOS

El segundo tipo es un polímero natural químicamente similar a la celulosa y muy abundante en la naturaleza: la quitina. Fue descubierta en hongos en 1811 por Henri Braconnot (1780-1855), pero al resultar insoluble en agua, disolventes orgánicos y ácidos diluidos, debe pasar por un proceso de desacetilación (pierde el acetilo de su grupo químico) para transformarse en otra sustancia, el quitosano o chitosán, que resulta mucho más soluble. Las investigaciones continuaron hacia 1926, pero recién en 1980 Mitsubishi patentó un proceso de elaboración de quitosano, un material buscado para confeccionar vendajes, ya que favorece la regeneración de las heridas.

Además de ser eficaz contra hongos, microbios y virus, el quitosano no es tóxico y es biodegradable, lo que lo ha convertido en un componente ideal para hilos de sutura, ya que estos se deshacen cuando se cierra la herida, y como aditivo en gasas y vendajes para evitar hemorragias.

MOLÉCULA DE CHITOSÁN

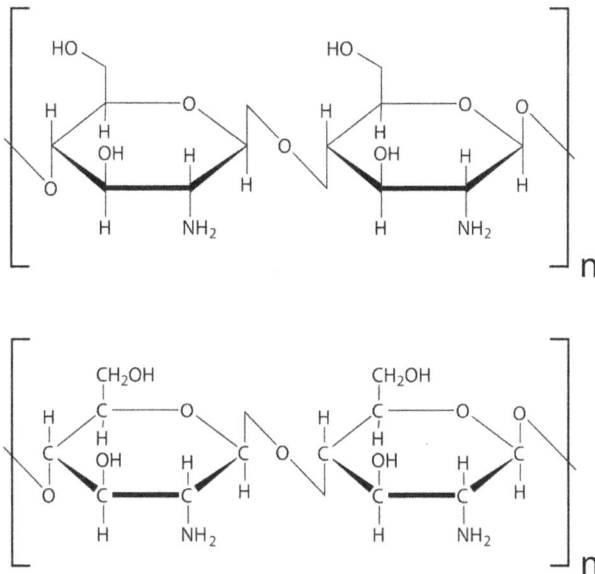

Estructura molecular del chitosán.

Los residuos proteicos una vez
obtenida la leche y el queso de soja
permiten conseguir fibras para la
tela basada en esta oleaginosa.

En 2009, el Instituto Tecnológico Textil de España (AITEX) y la empresa Aznar presentaron la sábana Zazen Regeneradora, que fue testeada en 40 pacientes del Hospital General de Valencia. Realizada con un 70% de algodón y 30% de quitina, esta sábana garantiza, según sus creadores, el equilibrio hídrico de la piel y favorece su regeneración. También destacan su capacidad para prevenir infecciones y ayudar a cicatrizar cualquier herida.

El paso de la quitina a las prendas todavía es incipiente por su alto costo de obtención, pero está tomando forma. En 2010, también bajo los auspicios de AITEX, una carrera de 140 km por caminos de montaña sirvió para probar los calcetines de la firma de ropa deportiva Lurbel, de Valencia. Estos se realizan con la tecnología Regenactiv, que básicamente combina tres capas de fibra: quitosano, en contacto con la piel, plata ionizada y una fibra termorreguladora. El objetivo consiste en reducir la sudoración y la formación de bacterias que dan origen al mal olor.

HILOS DE SOJA

Varios autores aseguran que Ford Motors hizo punta en el desarrollo de telas a base de hilos de soja, cuyo destino imaginó en la tapicería de los autos. Esto ocurrió allá por 1937 pero, aunque hubo una planta de producción piloto y hasta un nombre comercial, Azlon (Henry Ford habría tenido, incluso, trajes hechos con esta tela), no llegó a los asientos ni a las tiendas.

El mayor interés por las fibras sintéticas entre las dos guerras mundiales y luego de ellas postergó a las telas de soja. Sin embargo, en el siglo XXI llegó la revancha para estos tejidos parecidos a los de seda, biodegradables, antibacterianos, con gran poder de absorción de la humedad y que favorecen la formación de colágeno. Todo esto hace que los hilos de soja puedan combinarse

Prenda
realizada con
hilos de soja por
Zero Defects.

con cachemira (de hecho, la llaman «la cachemira vegetal»), lana o algodón para realizar prendas íntimas.

Para producir esta tela, primero hay que extraer las proteínas de desechos resultantes de la elaboración de leche de soja o tofu (queso de soja) o de los residuos una vez extraído el aceite de soja. Estas proteínas son forzadas a pasar por un proceso similar a la extrusión para que queden solidificadas en forma de fibra. Como vemos, la producción aprovecha subproductos de otros procesos industriales. Sin embargo, aún se debe mejorar el proceso químico para que no haya residuos contaminantes, parecidos a los que resultan de la producción de rayón.

La fibra de proteína de soja (*soy protein fiber* o SPF) tiene muchas de las cualidades de las fibras naturales y también algunas de las prestaciones mecánicas de las sintéticas. Alta resistencia a los rayos UV, poder antibacteriano y antihongos, capacidad de absorción similar al algodón, pocas arrugas, secado rápido, retención de la temperatura casi como si fuera lana, mayor resistencia y, como vimos, capacidad de reforzar la producción de colágeno.

En cuanto a las mezclas, con el algodón aumentan algunas propiedades de la fibra natural, como la velocidad del secado y la resistencia a las manchas. De todas formas, las telas de soja aún son casi un 70% más caras que el algodón, lo que dificulta su expansión comercial.

EL MAÍZ, ALIADO EN LA PROTECCIÓN DE LA PIEL

La búsqueda de tejidos biodegradables y cuya materia prima sea inagotable llevó a los sembrados. Los de maíz captaron la atención en la última década, porque de esta planta puede obtenerse una fibra que ya ha sido probada en prendas y calzado. Además de su origen renovable, brinda mayor protección de los rayos UV y el cloro, y puede teñirse a bajas temperaturas.

42

Para conseguir este tejido, primero hay que someter el endosperma (tejido interno de los granos) a un proceso de polimerización para lograr una fibra de filamentos largos, que resulta más suave que el nailon y más resistente que el algodón.

Dos empresas referentes de la agricultura y de la química, Cargill y Dow Chemical, registraron en 2003 el tejido Ingeo, obtenido del maíz. En 2012, DuPont presentó su fibra Sorona, similar al poliéster, hecha con sacarosa de maíz, a la que luego agregan microorganismos (como la bacteria *E. coli*) para que fermente y, así, de manera natural, se produzca PDO (1,3-propanediol). Tras el agregado del ácido TPA, para formar la cadena molecular, queda el hilo que dará forma a la fibra. En 2008, la empresa Advansa, líder europeo en producción de poliéster, anunció el lanzamiento de Biophyl, un polímero del tipo PTT, en el cual el glicol (sustancia a base de petróleo) fue reemplazado por Bio-PDO. Además, en sus fibras ADVA Shortcut utiliza PLA, o ácido poliláctico, un polímero biodegradable derivado del ácido láctico, presente en el maíz. Sus fibras tienen características similares a muchas otras termoplásticas.

Aunque las aplicaciones de esta fibra son similares a las de otras naturales o artificiales, su integración en el calzado ha tenido más relevancia. La firma de Múnich nat-2, creada en 2007 por

Sebastian Thies, realiza unas botas translúcidas que, según como les dé la luz, cambian de tonalidad. Las Recycled Pop Corn Boots no son de plástico, como cabría suponer, sino de una mezcla de maíz reciclado (15%), caucho (80%) y cuero. Totalmente impermeables, su nombre se explica porque –aseguran– despiden un aroma a palomitas de maíz.

Algunos modelos de zapatillas ya incorporan Susterra, compuesto 100% por contenido de origen biológico, derivado de los campos de maíz. Es el caso de las Vivobarefoot, en su modelo Primus Lite Bio Shoe, que tiene un 30% de materiales renovables, como Susterra y Sorona. Las NPC UK Cotton+Corn, de Reebok (2018), en tanto, tienen una capellada 100% de algodón y su suela está compuesta por Susterra y un material a base de aceite de ricino.

EL BAMBÚ:

DEL BOSQUE A LA INDUSTRIA TEXTIL

En 2011, investigadores de la Universidad de Beijing descubrieron cómo utilizar el tallo de la planta de bambú en la industria textil. Una década después, la producción textil de bambú estaba limitada a China y patentada por Hebei Jigao Fiber Chemical Company. A diferencia de otras fibras, esta entusiasma por completo a los ecologistas porque su proceso de elaboración no requiere químicos, ya que las fibras se encuentran en las varas de bambú y solo hace falta trabajar con agua en un proceso conocido como deslignización (eliminar la lignina del tallo). También

ECOMADE Y LYCRA MYFIT

El gigante DuPont ha presentado en Intertextile Shanghai su nueva lycra MyFit, realizada con un polímero que mejora el confort de las prendas. En consecuencia, admite una mayor tolerancia de formas y una caída más personalizada para una variedad de formas corporales dentro de la misma talla. En su plataforma Planet Agenda, DuPont también presentó la fibra EcoMade, el primer elastómero realizado con materiales reciclados.

resulta alentador que los cultivos de esta planta no necesiten pesticidas ni otros agroquímicos, gracias a la presencia de una sustancia antibacteriana denominada kun. Tampoco hay que preocuparse por los osos panda, ya que ellos se alimentan de una especie de bambú diferente de la utilizada en textiles.

Como las fibras de bambú son más cortas que las de algodón, casi siempre se las combina con otros tejidos para hacerlas más resistentes. Claro que, para mantener el carácter ecologista de la prenda, habrá que recurrir al algodón orgánico, también libre de químicos.

La fibra de bambú brinda excelentes resultados en prendas livianas, aptas para temperaturas elevadas. Sus microporos aseguran transpirabilidad y absorción de humedad, que podría ser tres veces superior a la del algodón, que como vimos es una fibra ya bastante absorbente. Con algo de exageración, también se la conoce como «el aire acondicionado textil». Sin embargo, no todas las prendas que se venden como de bambú se hicieron con fibra de esta planta. La caña de bambú también es fuente de celulosa, utilizada para obtener una fibra similar al rayón. En este caso, no tiene las mismas propiedades, como ser antimicrobiana o protectora de los rayos UV.

FIBRAS DE LECHE, SUAVES COMO LA SEDA

La caseína (esos sólidos blanquecinos que se forman sobre la leche agria) llegó a la revista *Vogue Italia* en 2011, y también a la BBC. Por supuesto, en forma de vestimenta, ya que es la materia prima de las fibras a base de leche, cuyo nombre comercial es Qmilch o Qmilk. Si bien ya en la década de 1930, en especial en Italia, hubo intentos por utilizar la leche de manera textil, en 2011 la alemana Anke Domaske (1983) volvió a darle este propósito con su colección cápsula Mademoiselle Chi Chi. Estas prendas estaban confeccionadas con un 25% de estas fibras. Y aunque el título de la nota de la BBC no la favorecía mucho («Fabrican revolucionario tejido hecho de leche podrida»), la idea

Telas de bambú a la venta en un negocio.

Zapatillas decoradas con el dibujo
de hojas de cannabis.

EL PRIMO DE LA MARIHUANA

Dentro de la categoría de fibras «duras» o «bastas» encontramos las fibras textiles provenientes de tallos u hojas de las plantas. Para su obtención como fibra textil, estos deben pasar por un proceso denominado «enriado», en el que, mediante hidrólisis, es posible separar las fibras textiles del resto vegetal. De esta manera se consiguen fibras como el lino, el yute y el cáñamo.

El cáñamo industrial es un pariente vegetal del cannabis, utilizado para la producción de marihuana. Con características similares a las del bambú, aunque más rústica, esta fibra se destaca por su resistencia —mayor a la del algodón—, porque necesita poca agua en su elaboración y tiene propiedades antibacterianas. La mitad de la producción mundial de cáñamo corresponde a China. Y grandes firmas, como Adidas, Quiksilver y Patagonia, lo están incorporando a sus productos. Un ejemplo son las zapatillas con capellada de esta tela, de Adidas (2016).

48

de Domaske tuvo gran repercusión e incluso fue premiada por la Unión Alemana de la Moda (2011). De profesión microbióloga, y entonces de 28 años, Domaske comenzó sus investigaciones para encontrar prendas sin tratamiento químico que pudiera utilizar su padrastro, enfermo de cáncer.

Según el proyecto de Domaske, la materia prima debe ser leche que no va a ser utilizada para consumo humano. El proceso de elaboración es mucho más simple y consiste en reducir la leche a un polvo proteico (parecido a la harina) que se mezcla con agua y se amasa (en una máquina similar a una picadora de carne que calienta la caseína y la vuelve maleable). Esta masa luego se comprime para hacer los hilos y, luego, las telas.

Al igual que la soja, la fibra de leche utiliza menos agua que el algodón para su producción (2 L/k), pero también es más cara (entre un 60 y 70% más). Según la firma Qmilk, se siente tan suave como la seda y posee excelentes cualidades antibacterianas y dermatológicas.

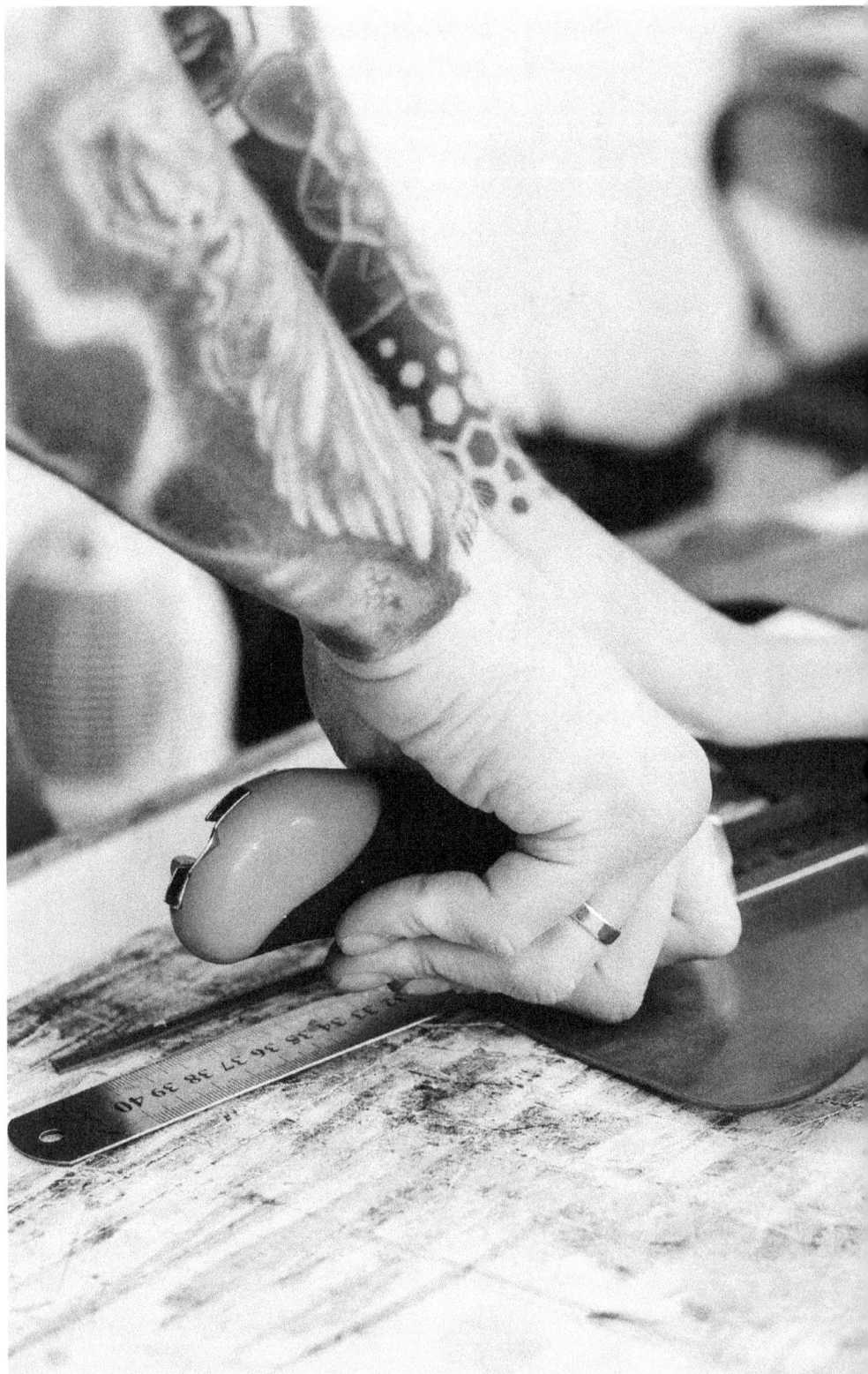

CULTIVAR
Y RECICLAR

La diseñadora Suzanne Lee (1970) puede ver crecer el cuero en su propia terraza. En 2011 presentó una tela similar al cuero realizada con té verde, azúcar, bacterias y levadura. Como explica en sus charlas TED, un proceso de fermentación (las bacterias se comen el azúcar) produce, en unas tres semanas, un capa de unos 3 cm. Luego de lavarla con agua y jabón y dejarla secar, obtiene una fibra similar a un papel muy liviano, con la que puede confeccionar chaquetas, vestidos y zapatos. La celulosa bacteriana es un compuesto orgánico, producida a partir de ciertos tipos de bacterias, mediante un baño por lo general estático de fermentación. Se puede obtener de varios residuos celulósicos, pero es un proceso industrial ineficiente. Otra desventaja de estas prendas, según Lee, es que, al ser un material biodegradable, solo podrán usarse como compost en unos cinco años. Lee admite que aún no ha logrado hacer de este cuero un material impermeable. Otra iniciativa de moda sostenible se puede ver (y comprar) en Punta del Este, Uruguay. Los trajes de baño de Isla de Lobos Swimwear están confeccionados con una tela que bien puede confundirse con otras sintéticas. Sin embargo, un 60% de sus componentes corresponde a botellas de plástico (PET) o redes de poliamida recicladas y obtenidas de playas o del océano. La autora del proyecto es la argentina Sofía Curi (1978), máster por Central Saint Martins de Londres, que vende sus productos en Buenos Aires y Punta del Este.

TEJIDOS BIEN TECNO

Dispositivos y telas futuristas

Lucir telas llenas de luces que cambian de colores, sentir y transmitir emociones a través de una camiseta, ver mensajes de Twitter sobre un vestido y, claro, manejar el teléfono móvil desde una manga. El futuro ya llegó a la moda. Y está aquí para dejarnos boquiabiertos.

La ropa futurista es una mezcla de *wearable technologies* (WT, tecnologías que se pueden vestir, sería la traducción casi literal, o tecnología vestible) y *smart textiles* (tejidos inteligentes). Las primeras son el fruto de la combinación de materiales tan utilizados en indumentaria como el algodón y la seda con elementos de la electrónica como la fibra óptica y la iluminación LED. El propósito puede consistir en realizar diseños capaces de emitir luz o reproducir mensajes de Twitter para deslumbrar en las pasarelas o los escenarios. Pero también para transmitir las sensaciones de un abrazo a distancia o detectar tumores malignos. Los tejidos inteligentes, en tanto, son materiales que reaccionan a estímulos internos o externos, o tienen la capacidad, por ejemplo, de repeler las manchas.

Los tejidos luminiscentes son los que más curiosidad han despertado, aunque sus funciones solo están relacionadas con el diseño. Vale recordar aquí algunos proyectos pioneros, como la chaqueta y los pantalones holográficos del diseñador japonés Issey Miyake (1938). Realizados con monofilamentos de poliamida y un acabado holográfico, despertaron la curiosidad en las pasarelas de 1996.

Claro que los vestidos, y otras prendas, con luces que cambian de color son posibles gracias a la integración de fibras naturales, como el algodón y la seda, con elementos de la electrónica, como la iluminación LED (*light-emitting diode*, diodos de emisión de luz), materiales conductores (por ejemplo, plata o fibra óptica), microprocesadores y pequeñas baterías (como las utilizadas en los iPod).

Esta combinación de materiales textiles bien conocidos con la ascendente electrónica tuvo sus inicios allá por 1985, de acuerdo con *Fibers to Smart Textiles*. En ese entonces, el inventor Harry Wainwright creó la primera sudadera animada utilizando fibra óptica, LED y un microprocesador. Prendas como esta, que reproducían un *cartoon* en su parte delantera, fueron vendidas a The Walt Disney Company y esto le dio a su creador cierta relevancia en un campo que entonces era incipiente. Su asociación con el alemán Herbert Selbach iba a producir otro avance importante para las tecnologías vestibles, porque en 1995 este último presentó la primera maquinaria capaz de incorporar fibra óptica a una fibra textil.

Mientras se daban estos pasos iniciales, en el Massachusetts Institute of Technology (MIT), un grupo de trabajo comenzaba a investigar las tecnologías vestibles. Maggie Orth (1964) y Rehmi Post fueron de los primeros en experimentar con fibras conductoras incrustadas en hilos tejidos para producir una tela que cambiaba de color gracias a la electricidad, según detalla Rebeccah Pailes-Friedman en *Tejidos inteligentes para diseñadores* (2016). Al principio, Orth trabajó con tintas termocromáticas, que cambian de color según la temperatura, al recibir corriente eléctrica de bajo voltaje. La experiencia en el Media Lab del MIT se tradujo en la creación de su propia empresa, Fashion Machines (2002), y es un buen ejemplo de la combinación de arte con ingeniería aplicada, en este caso, a la decoración de interiores. Sin embargo, según expresó en una entrevista con Pailes-Friedman, Orth consideró que este tipo de tejidos podía dañar el medio ambiente y abandonó su actividad.

55

LUCES EN LA PASARELA

La alta costura, la investigación y el deseo de obtener prendas más integradas con una tecnología cada vez más presente en la vida cotidiana marcaron el desarrollo de esta tecnología en el siglo XXI. En pocos años, los tejidos luminiscentes comenzaron a convivir con otras combinaciones que apuntaban al registro y la transmisión de las emociones. Y con otros que aspiraban a convertir la vestimenta en un accesorio de las computadoras u ordenadores.

Una de las innovaciones pioneras de esta combinación pertenece a la firma Luminex, afincada en Prato, una ciudad italiana de larga tradición en la industria textil. La tela Luminex (presentada en 2002) puede emitir luz propia mediante un sistema que combina fibra óptica entretejida y LED. Sus aplicaciones abarcan la vestimenta y la decoración del hogar. En elementos fijos, como una cortina, puede conectarse a 220 V y cuando integra una prenda basta con baterías de 3, 6 y 9 V. Sus usos serían incluso más amplios,

Vestido de novia con miles de luces, que formó parte de una instalación artística.

El Galaxy Dress es un vestido que
se llena de luces gracias a las LED
incorporadas en el tejido.

ya que Luminex trabajó con la firma Eleksen del Reino Unido en el desarrollo de ElekTex, una serie de capas de tela que, al recibir pequeñas descargas eléctricas, funciona como el teclado de una PC.

Una tela de tecnología similar, registrada como Lumigram, se produce en otra localidad italiana: Sant'Angelo Lodigiano. La firma Dreamlux ofrece prendas y accesorios del hogar a base de un textil realizado en fibra óptica que luego se raya con láser para obtener miles de puntos de luz iluminados con LED, ubicados en los extremos. Una corriente de baja intensidad (alrededor de 4,5 V) y microbaterías USB aseguran la iluminación. Los diseños pueden conseguirse en la tienda online, aunque sus precios son todavía elevados: una camiseta que al iluminarse se convierte en un top cuesta 139 euros.

58

Otra combinación, en este caso de LED y cristales, despertó el interés del diseñador de origen chipriota y residente en Londres Hussein Chalayan (1970). Reconocido por su innovación, desde su debut en la London Fashion Week (1994) realizó el «huevo» con el que Lady Gaga llegó a los premios Grammy (2011) y vestidos vinculados con la animatrónica (uno de ellos se transformó en un sombrero y dejó a una modelo desnuda en un desfile).

Para la colección otoño-invierno 2007, en alianza con Swarovski, Chalayan realizó una de sus creaciones más comentadas, el Led Dress. Su tela tiene incrustadas 15.000 LED y miles de cristales Swarovski para pasar de una tonalidad neutra a otra de infinidad de colores. Según su autor, era una manera de simbolizar la llegada de la primavera.

Para entonces, Francesca Rosella y Ryan Genz llevaban tres años trabajando en CuteCircuit, una firma especializada en el desarrollo de tecnologías vestibles. Uno de sus diseños más conocidos es el Galaxy Dress, realizado en tafetán de seda y organza, adornado con 4.000 cristales Swarovski. Lo que lo hace diferente de cualquier vestido de noche tradicional son sus 24.000 LED, tan delgados como una hoja de papel y bordados a mano sobre el tafetán.

Katy Perry luce el KDress durante
la gala del MET (2010).

Gracias a varias baterías similares a las de un iPod, el Galaxy Dress se llena de luces que se difuminan por las capas de organza. Sus creadores dicen que puede lucirse entre 30 minutos y una hora sin preocuparse por cambiar las baterías. La fama del vestido creció cuando formó parte de la exhibición *Fast Forward: Innovating the Future* (2008), del Museo de Ciencia e Industria de Chicago.

La moda necesita del *marketing* y por eso la alianza con estrellas de la música ha dado relevancia a las creaciones de CuteCircuit. Algunos ejemplos son el Inedito Tour (2011-2012) durante el cual la cantante italiana Laura Pausini lució un vestido rematado en una falda en seda de 4,5 m de largo, adornada con cristales Swarovski y cuyo sistema de 5.670 LED la llenaba de luces mientras se movía por el escenario. Otra cantante, Katy Perry, ha lucido distintos modelos de la firma. En 2010, en la Gala del MET, en Nueva York, llevó el KDress, un vestido blanco que se encendía y apagaba gracias a sus LED y un pequeño interruptor ubicado en el sujetador (en 2020, la tienda online de CuteCircuit ofrecía una versión de ese modelo a 6.923 euros). Luego, en varios recitales, la cantante volvió a elegir diseños de CuteCircuit. Por ejemplo, un *catsuit* para una edición de American Idol y la iMiniSkirt, una minifalda en seda, organza y cuero en la que se proyectaban imágenes relacionadas con su enérgico tema «Roar», en el iTunes Festival (ambos en 2013). Aún más interactivo y novedoso resultó ser el vestido que la cantante Nicole Scherzinger vistió durante un evento de electrónica: el Twitter Dress (2012). Además de tener la tecnología LED que lo ilumina, muestra mensajes de Twitter que pueden ser enviados en tiempo real. Toda una muestra del ingenio creativo de Rosella y Ganz, bien acorde con los tiempos hipercomunicados que vivimos.

Similar al Twitter Dress es el Marchesa Cognitive Dress que la modelo Karolína Kurková vistió en la gala del MET en 2016, y que recurre al Watson Tone Analyzer de IBM. Gracias a esta tecnología,

Nicole Scherzinger llevó el
Twitter Dress al evento de
tecnología E+E, en 2012.

los tuits que componen un *hashtag* determinado hacen que el vestido cambie de color mediante sus LED. El Cognitive Dress se expone en el Henry Ford Museum of American Innovation, en Detroit.

ABRAZOS A DISTANCIA

Si bien el camino de las telas luminiscentes resultaba muy atractivo, las posibilidades de integrar textiles y electrónica también abarcaban otro sendero, el de las emociones. Y como un abrazo genera distintos cambios corporales posibles de medir con un grupo de sensores, pronto despertó la curiosidad de algunos diseñadores.

En efecto, esta relación entre las sensaciones y la electrónica llevó a Despina Papadopoulos, en 1995, en Nueva York, a crear la marca 5050 Ltd. y presentar la sudadera con capucha Embrace-Me y las LoveJackets. Ambas prendas tienen relación, en su concepto, con el encuentro entre dos personas. Las Love Jackets son un par de chaquetas que emiten luz y sonido en respuesta a una señal en particular. De esta manera, cuando quienes las usan se encuentran a unos 3 m de distancia, se escucha un bip y unas LED se encienden y apagan. La tecnología que utilizan es básica: un receptor y un transmisor infrarrojo (similar a los de un control remoto de televisión), un chip PIC (Programmable Interrupt Controller), que controla los LED y envía los códigos que permiten que las chaquetas (y las personas) se encuentren una a la otra. Los componentes fueron montados sobre la superficie y, en lugar de cables, están unidos a los circuitos con fibras conductoras (en este caso, velcro).

Embrace-Me, realizada en lona o en tejidos que pueden ser de bambú, tiene un patrón con una tela conductora de la electricidad impreso en el frente y confeccionado con hilos de plata. Su propósito queda en evidencia cuando dos personas se abrazan porque ellas «enciendan» una a otra por medio de este patrón impreso

63

La modelo Karolína Kurková viste el Marchesa Cognitive Dress durante la gala del MET, en 2016.

también en la parte posterior: parpadean pequeñas luces blancas y se escuchan sonidos semejantes a los latidos del corazón.

Las creaciones de Papadopoulos, con una tecnología bastante simple, iban a ser sucedidas por una de las aportaciones más destacadas y reconocidas en el terreno de las WT: la HugShirt (2002), también con la firma de CuteCircuit. Se trata de una camiseta capaz de reproducir las sensaciones que brinda un abrazo y estuvo entre las mejores innovaciones elegidas por la revista *Time* en 2006. El secreto está en unos círculos concéntricos que indican la posición de los sensores y los activadores. Rosella y Genz aseguran que investigaron con gente real para detectar la posición de sus manos en el cuerpo de otra persona durante un abrazo. También tuvieron en cuenta que, cuando recibimos una caricia o un abrazo, se activan diversos receptores de la piel y baja la presión sanguínea, lo que produciría una sensación de bienestar.

Para llevar el concepto a la realidad, confeccionaron la prenda con una microfibra combinada con la tecnología táctil denominada Hug Haptic User-Interface Garment. En resumen, un conjunto de sensores capta la fuerza, la temperatura de la piel y la intensidad de los latidos del corazón de quien da el abrazo original para enviar estos datos a otra persona, quien debe vestir una prenda similar en la que una serie de activadores recreará las sensaciones emitidas. La tecnología Bluetooth y la HugShirt App

Representación de la placa base LilyPad
Arduino, ideada para unirse a las telas
y convertirlas en inteligentes.

hacen el resto porque permiten que las sensaciones del abrazo humano sean transmitidas al teléfono móvil de la HugShirt del receptor. Según este concepto, enviar un abrazo a la distancia es tan fácil como enviar un mensaje de texto. Incluso si el emisor no tiene una HugShirt pero conoce a un amigo que sí la tiene, puede enviarle un «abrazo virtual», creado con un software apropiado. ¿Reemplazará la HugShirt el abrazo humano? Desde CuteCircuit aseguran que no y destacan sus posibles usos en el cuidado de ancianos y niños.

66 EMOCIONES A LA VISTA

Transformar los movimientos o las emociones en patrones de luz es otra de las opciones exploradas en el marco de los *smart textiles*. Los trabajos en esta dirección van más allá de la moda y han despertado el interés de grandes empresas, aunque su producción masiva todavía sea una incógnita.

En su libro, Patnaik y Patnaik rescatan el Reima Cyberia Survival Suit, proyecto de las universidades de Lapland y Tampere (Finlandia) en conjunto con DuPont y Nokia. Presentado en 2000, en Hannover, este traje había sido pensado para condiciones extremas, ya que permitía el monitoreo de funciones vitales y su sistema de GPS favorecía la localización de quien lo utilizaba.

El hecho de que solemos hablar más por nuestros gestos que por nuestras palabras dio forma al proyecto SKIN del Philips Probes Team, un área de investigación del gigante neerlandés de la electrónica. Uno de sus ensayos es el Bluebelle Dress, realizado por un equipo del área de moda dirigido por Nancy Tilbury. Pensado más como un elemento de discusión que como un producto para consumo masivo, este vestido consta de dos capas. Una está en contacto con la piel y posee sensores biométricos para

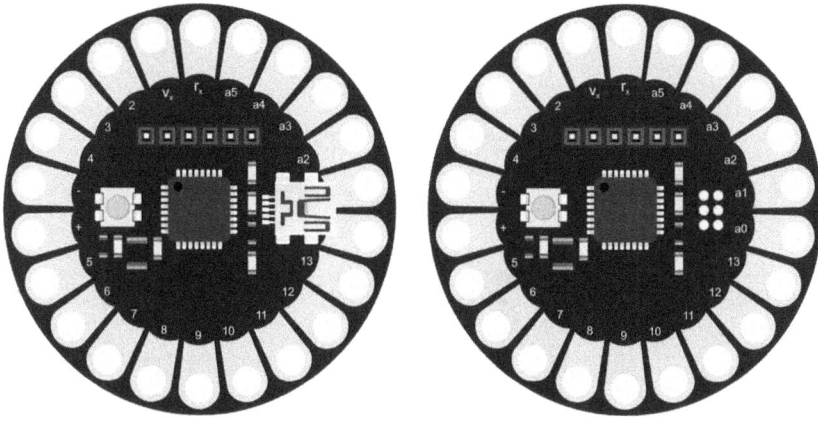

LILYPAD ARDUINO

El corazón de muchas prendas consideradas *wearable technologies* es la placa base LilyPad Arduino (2006). Su desarrollo está relacionado con Leah Buechley, ex profesora del MIT y docente de la Universidad de Colorado en Boulder. Como ella misma explica en su web, este kit incluye una microcomputadora que puede coserse con hilos conductivos. LilyPad puede recibir información del ambiente mediante sensores y emitir datos mediante LED o parlantes. Asociado con la tecnología Bluetooth, también permite la comunicación con una PC o *smartphones*.

captar las diferentes emociones, como por ejemplo ruborizarse. La otra capa es una burbuja que recibe la información de los sensores y la transforma en luz mediante LED. Similar idea manejó Philips para diseñar el Catsuit Frisson que, pegado a la piel, incorpora los sensores y los LED en el mismo sentido que el Bluebelle.

Por su parte, los diseñadores Christian Dils, Mareike Michel, Manuel Seckel y René Vieroth trabajaron con los auspicios de la entidad de investigación alemana Fraunhofer IZM para realizar el Klight, premiado en la categoría New Fashion de Avantex 2009. Este vestido puede transformar el patrón de movimientos corporales en luces gracias a una placa SCB (Stretchable Circuit Boards), utilizada para integrar circuitos con textiles por laminación, y 32 LED. Los componentes microelectrónicos están escondidos debajo de varias capas de algodón drapeado.

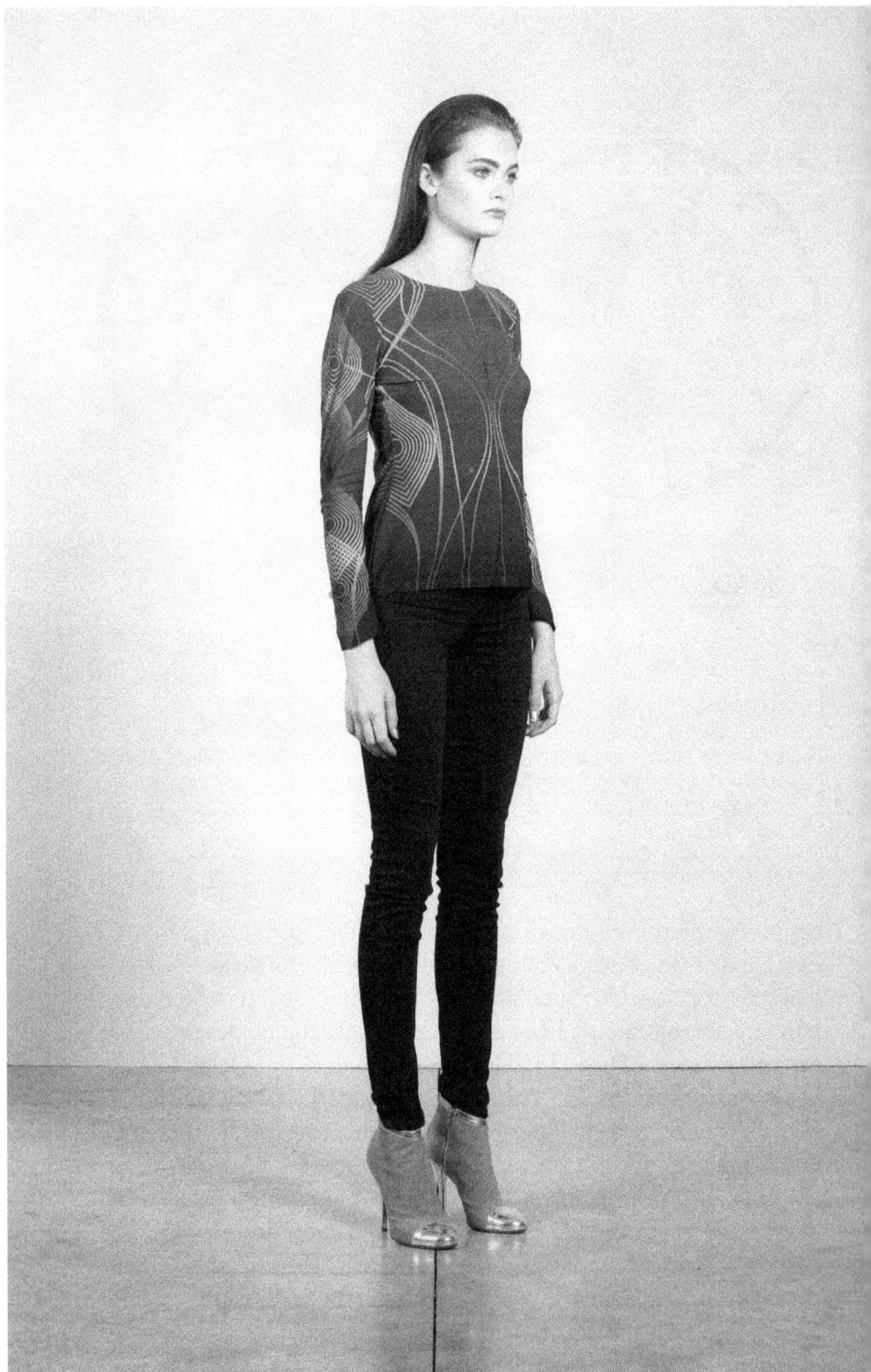

La SoundShirt permite a una persona
sorda sentir la música en su propia piel.

La misma tecnología SCB se oculta bajo el vestido de cóctel
Pneuma, parte del proyecto e-motion de la Universidad de las
Artes (UdK) de Berlín. Alrededor del pecho, los diseñadores cosie-
ron hilos de carbono unidos a una placa SCB laminada, ubicada
en el interior del vestido. El ritmo de la respiración se refleja en
LED integrados bajo la tela de seda, según un patrón ornamental
que posee cristales Swarovski para reflejar la luz. El objetivo del
Pneuma es fomentar la respiración profunda.

Si el movimiento y las emociones podían transformarse en luz,
¿qué podría ocurrir con el sonido? La respuesta es la SoundShirt
(2002), otra premiada creación de CuteCircuit, que permite a una
persona sorda sentir la música en su propia piel. Elaborada en conjunto con la Orquesta Sinfónica Juvenil de Hamburgo y probada
durante un concierto ante un grupo de personas hipoacúsicas, la
tela de la chaqueta tiene incrustados 16 microactivadores que reci-
ben la música y la envían a una computadora donde la transforman
en sensaciones táctiles. De esta manera, una composición musical
se percibe en distintas partes del cuerpo; por ejemplo, los violines
en los brazos y los tambores en la espalda. La SoundShirt ha sido
confeccionada en una tela suave, sin cables, que integra los tejidos conductores. Su tecnología es similar a la de la HugShirt pero
con un software diferente.

MANEJAR EL MÓVIL O LA PC

Aunque a veces los medios de comunicación consideran como tecnologías vestibles a las prendas que solo tienen un bolsillo para
un teléfono móvil o un componente cosido al tejido que facilita
la interacción con dispositivos electrónicos, esto no sería del todo
apropiado, como aclara la obra *Smart Clothes and Wearable Technology*
(2009), editada por Jane McCaan y David Bryson. Por ejemplo,

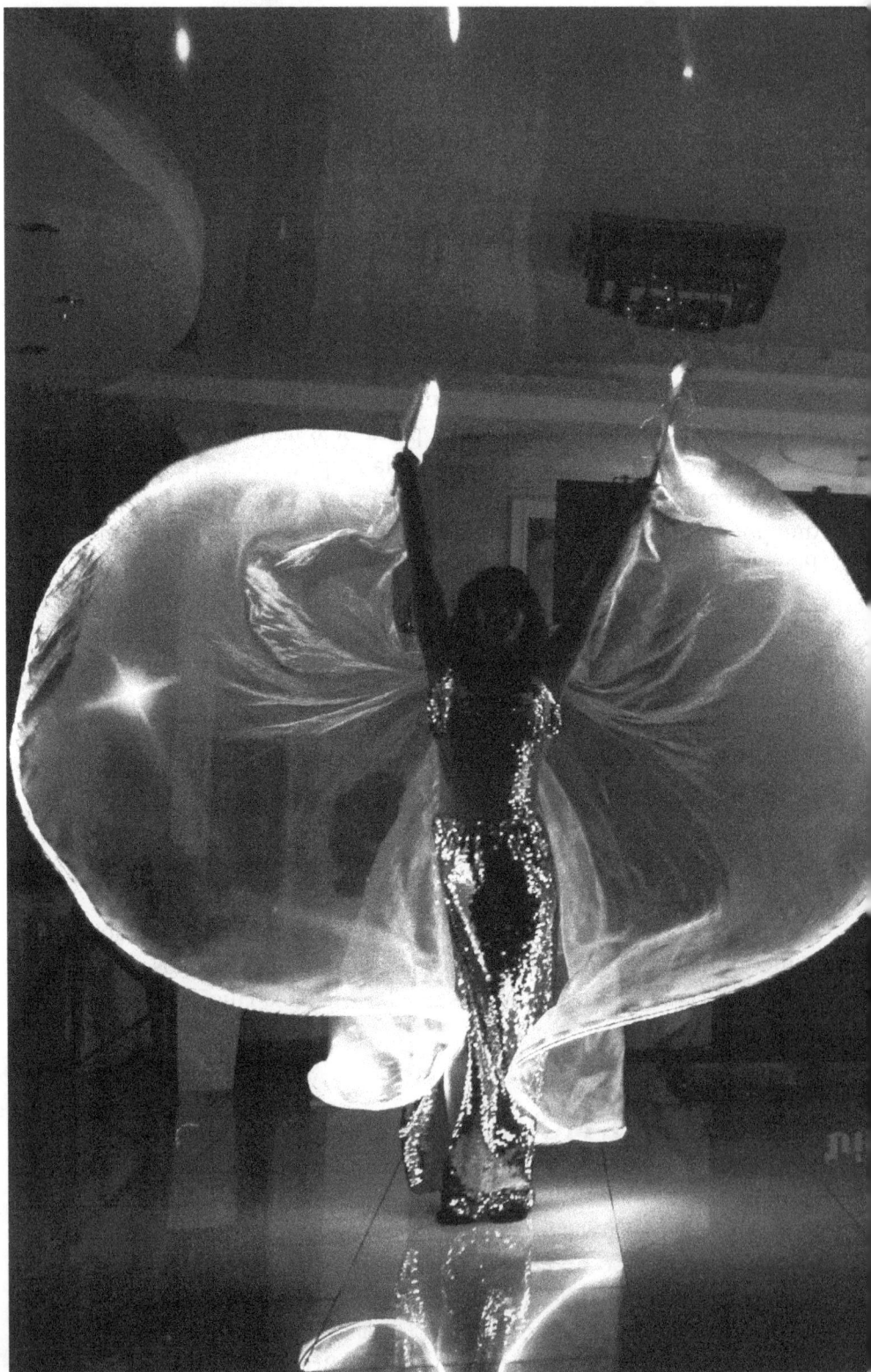

Bailarinas en vestidos que integran luces LED en sus tejidos.

especialistas consultados por estos editores consideran a la ICD+ Jacket, de Philips y Levi's, como una plataforma para llevar dispositivos más que una tecnología vestible.

Manejar los dispositivos electrónicos desde una chaqueta ha sido la idea común de ese y otros proyectos. En 2007, la argentina Julieta Gayoso creó Indarra.DTX, empresa premiada por sus innovaciones en 2008. Su TouchPad Jacket, realizada en una tela de microfibras, fue pensada como un *touchpad* capaz de controlar el cursor y navegar por menús de la PC. Similar es el proyecto del austríaco Wolfgang Langeder, quien trabajó con el Fraunhofer Institute for Reliability and Microintegration IZM, de Berlín, para desarrollar el Cyber Nomad Suit (2012), una vestimenta que responde al funcionamiento del móvil, ubicado en un bolsillo, mediante un sistema de luces en la superficie.

Cinco años después llegó la Levi's Google Jacket, disponible en varios países a partir de 2019, en su segunda versión. Diseño de un equipo dirigido por Ivan Poupyrev, esta chaqueta permite manejar el móvil desde la manga izquierda, donde posee un sensor del tamaño de una etiqueta e hilos conductores en la tela, basados en la tecnología Jaquard. Cuando la chaqueta está conectada, posibilita controlar varias funciones del móvil con solo frotar, golpear suavemente o cubrir y descubrir la manga. De esta manera, resulta muy fácil realizar llamadas, recibir notificaciones o consultar el Asistente de Google sobre deportes, noticias o el pronóstico del tiempo. De ahí surgió el lema publicitario: «Conéctate, no te

72

SHIFTWEAR SNEAKERS

Las ShiftWear Sneakers son un calzado que cambia de color y hasta de diseño gracias a una app. Creadas en Nueva York por David Coelho, parecen zapatillas comunes y corrientes. Sin embargo, el secreto está en unas pantallas de tecnología *e-ink* (la misma utilizada en los lectores de libros electrónicos Kindle) con una autonomía de 30 días, donde se pueden proyectar diseños producidos desde una app. Las posibilidades son casi infinitas. Incluso, el propio usuario puede diseñar sus zapatillas. Tiene pequeñas baterías que se recargan con el mismo movimiento, suela con fibras en Kevlar y, aseguran, pueden lavarse sin mayores problemas. Hay seis modelos diferentes que cuestan entre 150 y 1.000 dólares.

E-BRA

Investigadores de la Universidad de Arkansas presentaron el E-Bra (2012), un sujetador diseñado para monitorear el ritmo cardíaco. Tiene sensores del tamaño de una moneda pequeña, realizados en cables diminutos de oro e incorporados en la tela. Estos nanosensores envían la información a un módulo de 4 x 2 cm y 6 mm de espesor cosido al sujetador. Es una computadora diminuta que puede enviar datos de presión sanguínea, temperatura corporal y ritmo respiratorio a un teléfono móvil como si fuera un electrocardiógrafo. Otro sujetador inteligente, el Smart Bra, ha sido diseñado para la detección del cáncer de mama. La paciente debe usar la prenda durante doce horas, período durante el cual 16 sensores miden la temperatura corporal y almacenan la información en un dispositivo que luego será entregado a los médicos. Esta tecnología se basa en la termografía, discutida como diagnóstico del cáncer, ya que la existencia de un tumor supondría un aumento de la temperatura.

distraigas». Por ahora, está a la venta en Estados Unidos, Japón, Australia, Nueva Zelanda, Reino Unido, Francia, Italia y Alemania. Su precio va de los 198 a los 248 dólares. Es uno de los primeros productos con estas tecnologías que aspira al mercado masivo.

Sin embargo, para Google sería solo el comienzo. Su asociación con la tienda de ropa online Ivyrevel, una marca de H&M, apunta a que cada consumidor pueda diseñar su propia ropa con su *smartphone*. Como explica la bloguera especializada en moda Kenza Zouiten (1991) en un video, primero hay que elegir qué tipo de prenda se necesita. Luego, la misma tecnología que Google utiliza para conocer nuestras actividades y gustos, brindará un diseño que Ivyrevel se encargará de convertir en realidad. El proyecto nació en 2017 y su objetivo es producir ropa con un precio promedio de 99 dólares.

CONTRA EL CALOR, EL FRÍO Y LAS MANCHAS

Tejidos sensoriales

Estas fibras son prácticas y para producirlas se recurre a tecnologías novedosas. Gracias a los materiales de cambio de fase o las nanopartículas, brindan protección del frío y del calor extremos, evitan el olor a transpiración y repelen el polvo y las manchas de aceite o vino.

Las sneakers Air Force 1 Gore-Tex, de
Nike, llevan esta membrana, que puede
ser aplicada en tejidos o en el cuero.

La utilidad ha sido la guía de los *smart textiles*, capaces de reaccionar ante cambios de temperatura corporales o para repeler el polvo y las manchas. Y, por qué no, en un futuro no muy lejano, telas que no necesiten pasar por la lavadora.

Mucho de este camino tecnológico ya ha sido recorrido y, en efecto, varios de estos textiles ya están en el mercado, aunque a precios todavía elevados, en comparación con otras fibras. Sin embargo, los avances de los últimos años hacen pensar que este es solo el comienzo.

76 CONTRA EL MAL OLOR

Uno de los primeros hitos de este recorrido por textiles inteligentes que podríamos denominar «sensoriales» ocurrió en 1971 y tiene como protagonista a Robert Gore (1937), quien trabajaba en la expansión del politetrafluoroetileno (PTFE, también conocido como teflón). Esto lo llevó a producir una estructura que, vista al microscopio, presenta 1.400 millones de poros por cm^2. La invención dio origen a una lámina impermeable que, a la vez, permitía la evaporación de la transpiración, lo que la convertía en ideal para integrarse a telas aptas para ropas deportivas o *activewear*. Su nombre: Gore-Tex.

La membrana Gore-Tex es muy fina y se ubica entre las telas, como si fuera el jamón de un sándwich. Su secreto reside en sus poros, 700 veces más grandes que una molécula de sudor y 20.000 veces más pequeños que una gota de agua, lo que explica su característica de transpirable e impermeable a la vez.

Aunque la transpiración es imprescindible para el cuerpo, porque lo refresca durante los días de calor, también produce un olor desagradable. Este mal olor, en realidad, se genera por unas bacterias que encuentran un lugar ideal para desarrollarse

Detalle de tela Gore-Tex, tan impermeable como transpirable.

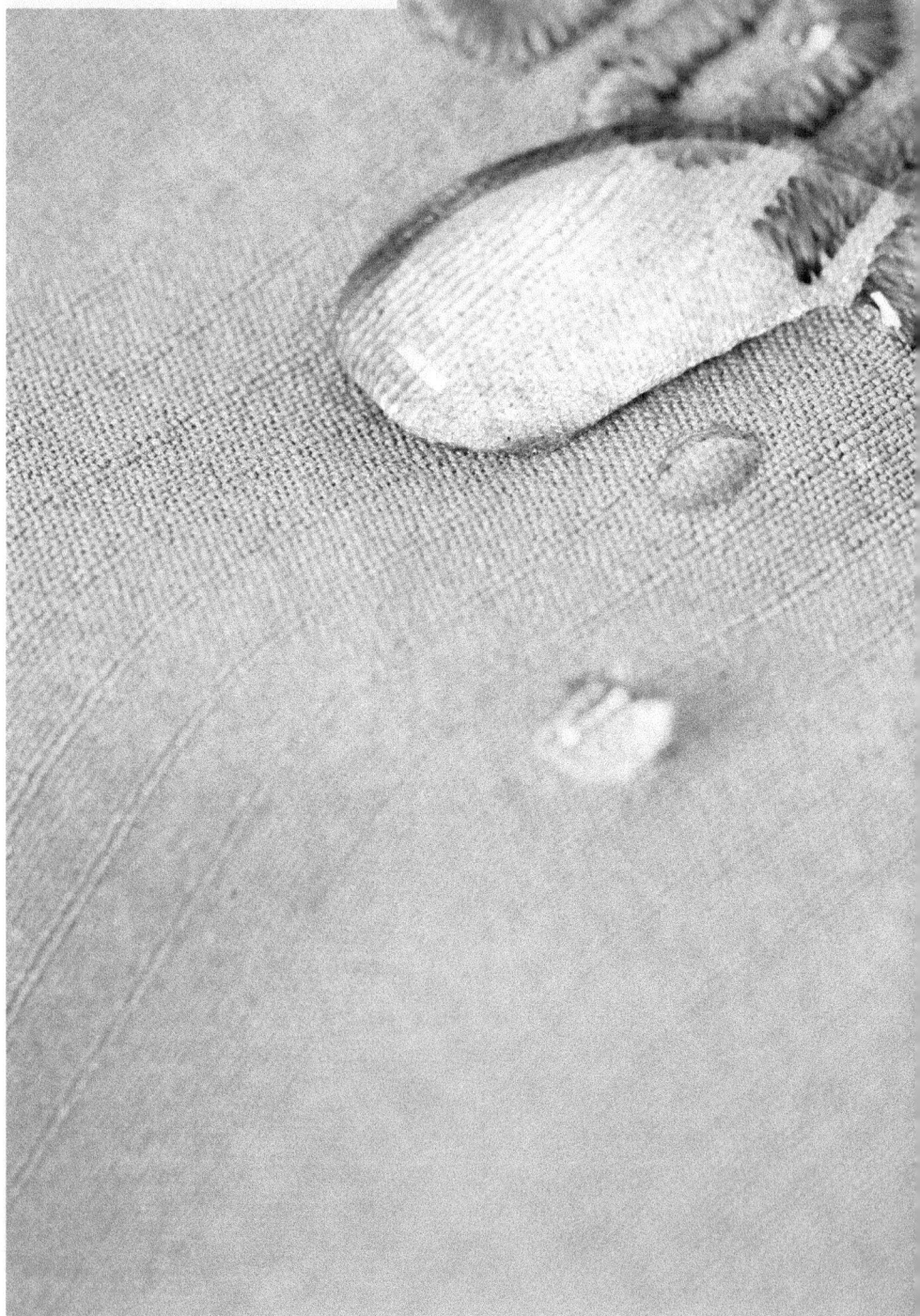

en las prendas de telas convencionales. La solución la proveyó la empresa Polygiene, cuyo nombre identifica a una tecnología que aplica cloruro de plata (presente en el agua marina, por ejemplo) a la superficie de la tela, previniendo la formación de estas bacterias, de manera que el olor a transpiración prácticamente desaparece.

Hilos recubiertos en plata integran las prendas confeccionadas por Organic Basics, de Estados Unidos. Los hilos han sido registrados como SilverTech y producidos por la firma Amman. Estos reaccionan ante la humedad y la plata libera iones que destruyen las bacterias. En Organic Basics aseguran que su camiseta para hombre realizada con algodón orgánico (82%), SilverTech (12%) y elastano (6%) solo debe lavarse una vez por semana. Cuesta 47 euros.

CALOR Y HUMEDAD

Los viajes espaciales tienen adeptos pero también detractores por la cantidad de dólares que insumen, con resultados que muchas veces no parecen tener relación con la vida cotidiana en la Tierra. En el terreno de los *smart textiles*, en cambio, varias tecnologías tuvieron su origen en la necesidad de la NASA de proteger a los astronautas de las condiciones extremas del espacio exterior. Una de ellas es el uso de los materiales de cambio de fases (*phase change material* o PCM) que controlan la temperatura y los niveles de humedad del cuerpo de manera activa.

Desde 1990, en Golden, Colorado (Estados Unidos), la firma Outlast trabajó en conjunto con la NASA para desarrollar textiles de tipo PCM. En 2003, la tecnología Outlast fue certificada como material espacial y en 2010 llegó al espacio cuando la astronauta Naoko Yamazaki (1970) vistió una camiseta PCM.

Los PCM son materiales microencapsulados, registrados por Outlast como Thermocules, y permiten que la tela absorba el calor del cuerpo, lo almacene y lo libere cuando sea necesario para mantener la temperatura estable.

Como explica el ingeniero textil Javier R. Sánchez Martín en su artículo «Los tejidos inteligentes y el desarrollo tecnológico en la industria textil» (2007), la base científica de los PCM se encuentra en el calor latente, producido cuando una sustancia cambia de fase (de ahí su nombre). Entonces, cuando el cuerpo registra el calor, la energía que desprende se utiliza para aportar el calor latente necesario para que la sustancia de las microcápsulas pase de la fase sólida a la líquida, y almacene esa energía. Con el frío, esa energía se libera y la sustancia pasa del estado líquido al sólido, sin cambiar de temperatura, y aporta calor para que el cuerpo no se enfríe. En cuanto al microencapsulado, Sánchez Martín señala que permite que pequeñas porciones de un material sean recubiertas por una membrana de otro material para proteger dicho principio activo. Esta membrana suele tener alrededor de 1 nanómetro. Pero también existen microencapsulados de paredes permeables que posibilitan la liberación controlada de sustancias como perfumes o anticelulíticos. Una evolución de estas microcápsulas son las ciclodextrinas, complejos huecos que se adhieren al tejido y que pueden ser recargados.

Los PCM son materiales microencapsulados, registrados por Outlast como Thermocules, y permiten que la tela absorba el calor del cuerpo, lo almacene y lo libere cuando sea necesario para mantener la temperatura estable.

Los PCM Outlast pueden aplicarse como revestimientos en productos que no estén en contacto directo con la piel, como la ropa de cama o las chaquetas (se encuentra entre el forro y la tela exterior). También pueden incorporarse a las fibras textiles con los cuales se elaboran los tejidos, mientras que el proceso denominado Matrix Infusion Coating lo aplica a productos que están en contacto directo con la piel, como la ropa deportiva.

Pero mantener una temperatura corporal óptima no solo contribuye a la vida en el espacio o a las actividades deportivas. Investigaciones realizadas en España por el Instituto Tecnológico Textil (AITEX) y la firma Aznar Textil, de Valencia, llevaron a la producción de una sábana que mejora el sueño nocturno.

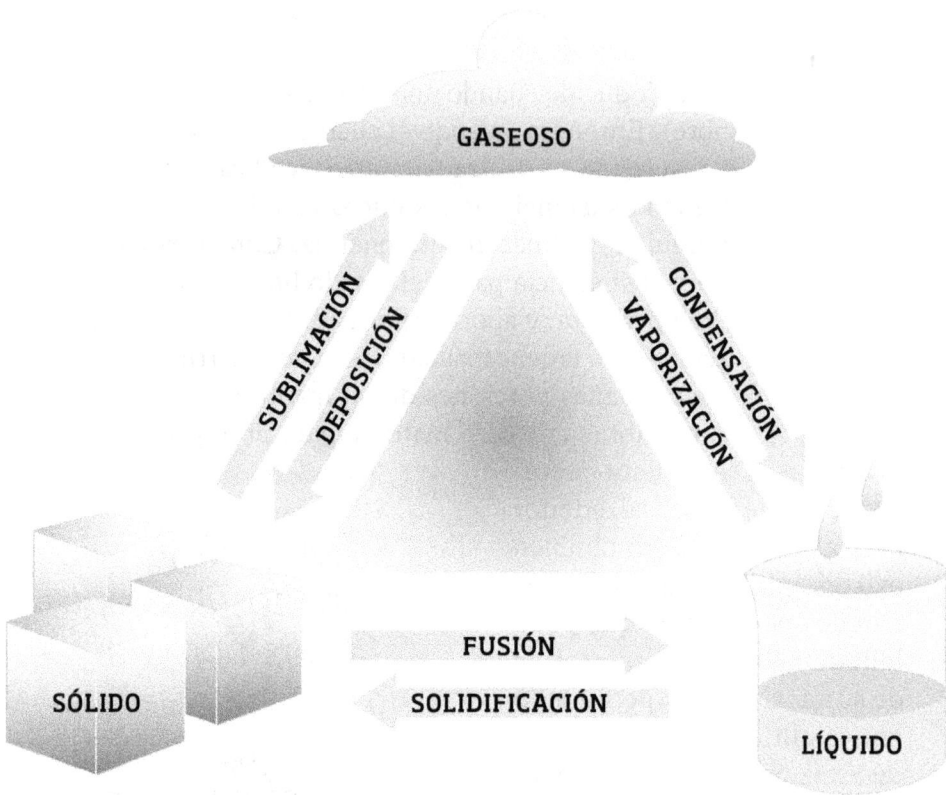

Confeccionadas en un 70% de algodón y un 30% de Outlast, según sus creadores, la sábana termorreguladora Zazen contribuye a que el cuerpo alcance una temperatura óptima durante el descanso porque absorbe el exceso de calor y lo libera. En Aznar Textil explican que, cuando uno duerme, la temperatura corporal y la humedad cambian, y esto conduce a una sensación de incomodidad. La sábana amortigua esas alteraciones de temperatura al absorber el exceso de calor cuando resulta demasiado y lo libera cuando es necesario. Por otra parte, desde esa empresa remiten a estudios realizados en Estados Unidos según los cuales el 84% de los participantes que usaron la sábana mejoró la calidad de su sueño, un 71% se despertó menos veces y el 67% tuvo menos sudoración.

La tecnología de la NASA también se encuentra en los productos de la marca Ministry of Supply, como cita Pailes-Friedman en *Tejidos inteligentes para diseñadores* (2016). Esta firma de diseño

Las fases de cambio entre tres estados
(sólido, líquido y gaseoso), base de los
materiales de cambio de fase.

fue creada por cuatro ex alumnos del MIT, quienes comenzaron a trabajar con PCM en 2012. En el nombre de la firma se encuentra la inspiración de esta iniciativa. El gobierno británico creó el verdadero Ministry of Supply en 1939 para abastecer a sus tropas durante la Segunda Guerra. En esa dependencia trabajaba Charles Fraser-Smith (1904-1992), inventor de *gadgets* y vestimenta para soldados y espías, y quien habría servido de inspiración a Ian Fleming (1908-1964) para crear su personaje Q, encargado del suministro de elementos de alta tecnología para el agente secreto más famoso: James Bond.

En tanto, el nombre de la Apollo Shirt hace recordar al parentesco de los PCM con la NASA. Esta camisa, que cuesta 125 dólares, es 19 veces más transpirable que el algodón, almacena el calor y luego lo libera. Ministry of Supply también usa esta tecnología en prendas para dama, como una chaqueta, de precio similar.

Mientras algunos desarrollos nacieron con los viajes al espacio exterior, otros resultaron de la observación atenta de lo que ocurría en plantas y animales. De esta manera, los científicos replicaron mecanismos naturales y dieron origen a otro tipo de textiles inteligentes que, sin embargo, tienen propósitos muy parecidos a los anteriores.

Una corriente de desarrollo en los textiles es el biomimetismo, que se basa en imitar formas y funciones de la naturaleza para replicarlas en el desarrollo de productos. Un ejemplo interesante son las piñas de las coníferas que albergan las semillas. Las piñas tienen la capacidad de abrirse cuando sube la temperatura y se cierran cuando es baja. La tecnología que imita este comportamiento se llama C-Change y pertenece a la firma suiza Schoeller, responsable de varios desarrollos relacionados con los *smart textiles*. En este caso, se trata de una membrana compuesta por un polímero que deja escapar el exceso de calor y humedad, y se cierra ante una menor actividad corporal, lo que permite repeler el viento y

Las piñas que alojan las semillas
del pino inspiraron la tecnología
C-Change, que permite controlar
la temperatura corporal.

Ante altas temperaturas o durante la práctica deportiva, la membrana C-Change se abre en respuesta a una mayor humedad corporal y libera el exceso de calor.

el agua. Desde Schoeller explican que, ante altas temperaturas o durante la práctica deportiva, la membrana C-Change se abre en respuesta a una mayor humedad corporal y libera el exceso de calor. Por el contrario, ante condiciones de frío o de baja actividad (menor humedad), la membrana se contrae y almacena el calor producido por el cuerpo.

Otro acabado textil de Schoeller recurre a dos tecnologías para una misma tela. El 3XDRY combina un acabado hidrofóbico (repele el agua) en la parte externa y una terminación hidrofílica (atrae el agua) en la parte interna. Esta capa permite evaporar la transpiración, que es distribuida en una amplia área del tejido, para que se evapore con mayor rapidez. En tanto, la parte hidrofóbica previene que escape al exterior. De esta manera, las telas tratadas con este acabado repelen la humedad y absorben la transpiración más rápido. El efecto inmediato es que la humedad corporal es mucho menos evidente en la tela. También se ha comprobado que estas telas secan más rápido.

Con el mismo fin de favorecer la evaporación del sudor, en 1999 la firma Aquafil presentó la microfibra Dryarn, pensada para mejorar las condiciones del polipropileno. ¿El resultado? Una fibra un tercio más liviana que la lana y el poliéster, diseñada especialmente para los deportes, muy eficiente a la hora de permitir que el sudor salga a la superficie y se evapore.

Distintos acabados ayudan a la
hidratación del cuerpo en situaciones
de mucha transpiración.

Durante la transpiración, el cuerpo pierde líquido, una circunstancia que se acelera al practicar ciclismo de competición, por ejemplo. La tecnología textil ya ofrece una hidratación continua, a la medida de los deportistas. En combinación con la firma Outwet, Aquafil desarrolló la fibra Protego Active, incorporada a las camisetas. La tecnología Outwet, en combinación con la fibra, consiste en un acabado con nanopartículas que logran «atrapar» diversas sustancias según un patrón determinado previamente. Por ejemplo, potasio, magnesio y vitamina C. Este patrón predeterminado hará que las nanopartículas liberen las sustancias cuando haga falta. Las sustancias pueden ser «recargadas» con un simple lavado en una solución salina, utilizando complejos de ciclodextrinas, que se incorpora en un kit de «rellenado». Outwet ya ha sido incorporada en prendas para ciclistas.

Técnicas arraigadas desde hace siglos en Oriente fueron la inspiración para otra tecnología que podríamos llamar «conservacionista», ya que fue pensada para conservar la energía del cuerpo humano. La utilización de piedras frías o calientes en puntos energéticos, denominados chakras, reduce el malestar físico y emocional. En combinación con masajes, esta terapia geotermal es parte de los tratamientos en *spa* de todo el mundo. La idea de la compañía Schoeller consiste en incorporar parte de esa experiencia en la vestimenta. Para ello ofrece la tecnología Energear, incorporada en el acabado de la tela mediante una matriz de titanio, ya que este mineral es muy efectivo a la hora de reflejar los rayos infrarrojos lejanos (*far infrared rays* o FIR) que emiten el Sol, el cuerpo humano y ciertos metales. Algunos estudios han comprobado que los FIR tienen efectos benéficos para el cuerpo humano, como mejorar la circulación sobre la piel y aliviar el dolor. Este acabado puede imprimirse sobre la tela y, al conservar la energía que libera el cuerpo, hacer que esta vuelva a él.

CUIDADOS FEMENINOS

El proyecto de Chandra Shekhar Sharma, del Instituto Tecnológico de Hyderabad (India), informado en 2016 por *The Washington Post*, entre otros medios, guarda relación con la poca acogida que tiene en su país el uso de los protectores femeninos. Para mejorarlos, Sharma desarrolló un material a base de nanofibras incorporadas mediante *electrospinning* (equipo de hilatura que utiliza un campo eléctrico para fabricar nanofibras, que podrán ser depositadas sobre un tejido o constituir un hilado) sobre la solución de nanopartículas. De esta manera, quiere evitar los problemas del síndrome de *shock* tóxico (*toxic shock syndrome* o TSS) relacionado con los polímeros de gran absorción (SAP), utilizados en estos productos por algunos fabricantes. Anterior a esta innovación son las bragas Thinx y Cocoro, diseñadas para el período femenino a fin de reemplazar las toallas y los tampones, ya que son muy absorbentes. En el caso de Cocoro, muchos de sus modelos poseen tres capas, de algodón, poliéster y lycra.

PROTECCIÓN DE LOS RAYOS UV

Existe otra radiación que nos afecta desfavorablemente, en especial al ser captada por la piel: la ultravioleta (UV). Para protegernos de ella, solemos recurrir a diversos productos, entre los que se destaca el llamado factor de protección solar (FPS). Si el FPS es 30 o más, el producto brindará una muy buena protección de los rayos UV, pero solo a nuestra piel. ¿Qué pasa con las partes del cuerpo que quedan bajo nuestras prendas?

Las telas de colores oscuros absorben con mayor facilidad la luz solar, que incluye la radiación UV. Por eso parece más que conveniente una tecnología registrada como Coldblack por Schoeller, que consiste en un acabado que puede aplicarse a la mayoría de los tejidos. Ya ha demostrado su efectividad porque una camiseta con este acabado, comparada con otra que no lo tenga, redunda en una disminución de la temperatura corporal cercana a 5 °C. Coldblack consiste en un tinte especial que se aplica como si fuera una película protectora en la fase final de producción de una tela. El nivel de la protección de los rayos UV llega a 30 y puede aplicarse sobre cualquier tipo de tela, incluso en las de colores más claros.

Como las telas de colores oscuros
favorecen la absorción de rayos solares,
existen acabados que permiten disminuir
el calor que sentimos durante el verano.

El agua resbala sobre las hojas de loto
arrastrando las partículas extrañas,
como ocurre con ciertos tejidos
autolimpiantes, como NanoSphere.

AUTOLIMPIEZA

La naturaleza también sirvió de inspiración para fabricar telas bajo los conceptos del biomimetismo. Investigadores alemanes desarrollaron superficies que se comportan como las hojas del loto. A partir de nanorugosidades superficiales, estas hojas presentan una superficie autolimpiante. Una aplicación interesante son los tejidos a los que no se adhieren el polvo ni los líquidos, como el agua, el aceite y el vino. Schoeller desarrolló una tecnología registrada como NanoSphere, también conocida como Effet-Lotus (efecto lotus).

En el laboratorio, se comprobó que la ropa se mancha y ensucia en buena medida por la enorme superficie que encuentran en ella las gotas y las partículas de polvo. En esa dirección, NanoSphere recurre a lo más moderno, la nanotecnología, para crear una microestructura donde la superficie de contacto es mínima. Vista al microscopio, es una superficie formada por millones de picos de montaña, donde resulta difícil adherirse. Además, este acabado ofrece gran resistencia a la abrasión, gracias a la protección de las nanopartículas, lo cual fue certificado por el Instituto Hohenstein, de Alemania, encargado de testear y certificar todo tipo de textiles desde hace más de 70 años.

Esta tecnología ya se ha incorporado a muchas prendas. Por ejemplo, en Australia, el chef Adrian Li, conocido por participar de la versión local de *Master Chef*, es uno de los fundadores de Fabricor, firma que dio una solución práctica a un problema cotidiano de su ambiente laboral. Fabricor produce delantales y uniformes de chef con telas sobre las cuales el agua, el vino y el aceite simplemente pasan… sin dejar huellas. También se la utiliza en muebles y tapizados.

Una planta carnívora de la especie *Nepenthes*, de hojas muy resbaladizas, fue la inspiración para que investigadores de la Universidad de Harvard crearan la tecnología SLIPS (Slippery

Al igual que la planta carnívora de la especie *Nepenthes*, la tecnología SLIPS repele el agua y otros líquidos.

Liquid-Infused Porous Surfaces). En 2011, la revista *Nature* informó acerca del cristal SLIPS, capaz de repeler el agua y soluciones acuosas. Tres años después, el Instituto Wyss, de la citada universidad, dio a conocer la creación de una tela con esta tecnología. Para ello, recurrieron a tejidos de algodón y poliéster, y los trataron con un baño de partículas de sílice (SiM) y con un gel con base de alúmina (SgB). Comprobaron que las telas repelían un gran abanico de fluidos y resistían las manchas.

Otro mineral utilizado para crear fibras «antilíquidos» es el sílice. La Silic Shirt, creada en 2014 por Aamir Patel, de San Francisco, fue confeccionada con una fibra (en este caso, poliéster) combinada con partículas de sílice. Uno de los puntos por mejorar es que luego de 80 lavados pierde gran parte de su condición hidrofóbica.

Grandes aliadas en la lucha contra las manchas resultaron las soluciones de plata o cobre testeadas por Rajesh Ramanathan, de la Universidad RMIT, de Melbourne. Según informó el periódico *El País*, de Madrid, en 2016 recurrió a una solución de plata o cobre para lograr prendas que no necesitan ser lavadas por un buen tiempo. Primero, cubrió la prenda con estaño y luego la sumergió en una solución de plata o cobre. Las nanopartículas de estos minerales se activan con la luz solar y, de esa manera, degradan las manchas.

CON MEMORIA DE LA FORMA

En un video que puede verse en YouTube, la diseñadora neerlandesa Marielle Leenders muestra cómo, cuando le aplica calor con un secador de cabello, una chaqueta se encoge y deja su ombligo al aire. Luego puede verse que, al dejar de suministrar calor, la tela vuelve a su posición original. Lo mismo ocurre con las mangas de una camisa, que se acortan y después recobran el largo previo. En ambos casos, no hay trucos ni actos de magia. La chaqueta color salmón de Leenders y la camisa de la firma italiana GradoZero incluyen en sus telas materiales con memoria de forma (*shape memory materials* o SMM), otro avance que, como los anteriores, le están dando un nuevo horizonte a la industria textil.

Como explica Sánchez Martín, los materiales con memoria de forma pueden deformarse y adoptar una forma fijada previamente, en general, por calor. Por ejemplo, al incorporar entre el tejido un material como el poliuretano termoplástico, cuando llega a la temperatura de activación, se infla una bolsa de aire ubicada entre esas capas para brindar protección contra el frío, imitando el plumaje de los pingüinos y otras aves, que permiten guardar calor. También existen materiales de permeabilidad variable, como Diaplex. Al incrementarse el calor desprendido por el cuerpo, aumentan los intersticios de la fibra, lo que brinda una mayor capacidad para evaporar el sudor. Cuando el cuerpo se enfría, el tejido vuelve a su textura original para protegerlo del frío.

97

En *Textiles and Fashion. Materials, Design and Technology,* editado por Rose Sinclair, se explica el funcionamiento de Diaplex, una creación de Mitsubishi. Se trata de una capa sólida aplicada al nailon que, a pesar de no tener poros, es más resistente al agua y transpirable que una membrana con poros. A temperaturas elevadas, cambia la configuración molecular y se abren diminutas aberturas

Los materiales con memoria de forma pueden deformarse y adoptar una forma fijada previamente, en general, por calor.

que dejan escapar el exceso de calor y humedad. Cuando la temperatura baja, se cierra y forma un escudo para proteger del frío a quien viste la prenda. Los polímeros con memoria de forma empezaron a ser desarrollados en Japón en 1984.

Los diseños de Leenders y la camisa de Grado Zero utilizan también otro recurso: mezclan las fibras tradicionales con nitinol, una aleación de titanio y níquel que se deforma con el calor (en el caso del video de Leenders, a unos 45 °C) y, como vimos, vuelve a su estado anterior. El nitinol pertenece a la categoría de aleaciones con memoria de forma (*shape memory alloys* o SMA). Diseñada por Giada Dammacco, la Shape Memory Shirt, de GradoZero, fue expuesta en el Museo de la Ciencia de Chicago (2010). Su

La chaqueta de la diseñadora Marielle Leenders se encoge cuando le aplican calor y luego vuelve a su posición original.

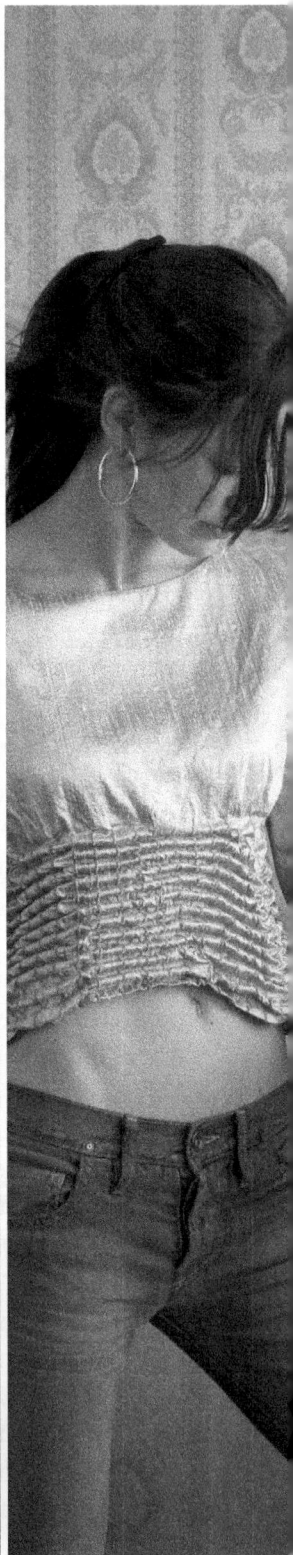

Chaqueta de Marielle Leenders
realizada con materiales con
memoria de forma (SMM).

confección fue el resultado de los experimentos realizados por la firma de Florencia, Italia, con la Agencia Espacial Europea (ESA), llevados luego a la vida cotidiana. El nitinol (45% titanio) de la tela Oricalco reacciona ante el calor del ambiente y esto permite que las mangas de la camisa se contraigan. Y si bien existe una reacción al calor, resulta indiferente a las variaciones de la temperatura corporal y solo responde a los cambios en el ambiente.

Las posibilidades de los SMA son variadas porque los diseñadores imaginan chaquetas que se abren y se cierren solas, camisas que se contraen en largo y circunferencia, o persianas que bajan cuando están expuestas a la luz solar y suben cuando la temperatura desciende. Sin embargo, sus elevados costos todavía son un impedimento para la producción masiva. GradoZero, por ejemplo, comenzó a producir polímeros con memoria de forma.

Por su parte, el grafeno es otro material realmente revolucionario que está imprimiendo un nuevo rumbo a los textiles inteligentes. En 2016, los científicos descubrieron que este material superconductor posee también memoria de forma. Pailes-Friedman cita en su obra una capucha realizada con grafeno que puede contraerse o expandirse, no con el calor sino con impulsos eléctricos.

El Kevlar es el material
más utilizado para la
protección antibalas.

FUERTES Y, AHORA, ELEGANTES

Existen tejidos muy fuertes o que resisten las llamas, bien
conocidos por su presencia en los chalecos antibala, los cordajes
náuticos y los trajes de los bomberos. La química Stephanie
Kwolek (1923-2014) desarrolló un tipo de aramida (para-
aramida) registrado por DuPont como Kevlar en 1965. Este
material sintético (polímero p-fenileno tereftalamida) es 5 veces
más fuerte que el acero y por eso es muy utilizado en chalecos
antibala, aunque también está presente en ropa para escalada,
neumáticos a prueba de pinchazos, guantes de uso industrial y
elementos espaciales. Similar al Kevlar, desarrollado por la firma
holandesa Akzo en la década de 1970, es el Twaron. En tanto, de
DuPont es el tejido Nomex (1967), una meta-aramida que puede
soportar temperaturas cercanas a los 300 °C. Con una resistencia
15 veces superior al acero, Dyneema (producido por DSM, de
los Países Bajos) es típico de cordajes náuticos, pero también se
aplica, mezclado con poliéster, en pantalones y calzado de trabajo.
Una resistencia similar ofrece la fibra Spectra (*ultra-high molecular
weight polyethylene*), de la estadounidense Honeywell, presente en
chalecos antibala. Desde la firma aseguran que es más liviana que
el Kevlar y puede flotar en el agua. Precisamente, algunos sastres
comenzaron a trabajar en prendas antibala que fueran cada vez
más livianas y cómodas, similares a los trajes a medida. Uno de los
intentos —y exitoso— ocurrió en Colombia, país asolado durante
décadas por el narcotráfico y el terrorismo. En 1992, allí comenzó
a diseñar sus prendas antibalas Miguel Caballero (1967), que al
principio recurrió al Kevlar. Luego probó con paneles balísticos
tejidos en un material que combina hidrógeno, nailon y poliéster, y
que retiene la energía del disparo y se cierra automáticamente tan
pronto recibe el impacto. Como puede verse en videos donde
testea el producto con sus propios empleados y periodistas,
funcionó. Su producto más popular es la Armour T-Shirt, que
pesa unos 800 g, tiene 7 mm de espesor y es capaz de resistir
balas desde calibre 9 mm a Magnum .357. Aseguran que la
firma abastece a 19 jefes de Estado y que incluso la habrían
usado Barack Obama y el rey de España (cuesta 1.500 dólares).
Protección y elegancia brindan los trajes de Garrison Bespoke,
que no parecen muy diferentes de otros hechos a medida. Sin
embargo, son un verdadero escudo que protege de balas calibre
9, 22 y 45 mm. Esta firma de Canadá tampoco usa Kevlar sino
fibras de nanotubos de carbono. La tela es un 50% más liviana que
el Kevlar y está presente en todo el traje. Su costo: 20.000 dólares.

UN PASO MÁS ALLÁ

Ideas para la innovación

Para estar siempre conectados o viajar al espacio más cómodos. Y, por qué no, para llevar la ropa en un aerosol. Sí, para eso están las tecnologías textiles de última generación.

Siempre es difícil, por no decir imposible, prever cómo será el futuro. En el mundo de la vestimenta, la cuestión no es diferente. Hemos visto cómo la incorporación de tecnología fue mucho más allá de los Google Glass, los *smartwatch* y los bolsillos conectados a la tela para manejar nuestros móviles. Lo cierto es que las prendas ya presentan fibras totalmente nuevas, de recursos impensados, eso sí, abundantes y biodegradables, y cada vez más interactivas. En la Tierra y también en el espacio. Porque hacia 2030 están previstas las primeras misiones tripuladas a Marte. Y no solo con astronautas profesionales sino también con turistas. Claro, para ello necesitarán trajes mucho más cómodos que los actuales.

SIEMPRE CONECTADOS

En el futuro no tan lejano, como anticipan series distópicas como la británica *Years and Years*, la comunicación seguirá siendo un elemento básico de la vida cotidiana. Por eso, una prenda que permita hablar por el móvil sin llevarlo en el bolsillo, como ocurre con la Levi's Google Jacket, podría ser muy popular. Idea de CuteCircuit aún en elaboración, el M-Dress acepta una tarjeta SIM y permite que el usuario reciba y haga llamadas solo con movimientos del cuerpo. Según las fotos, es una versión tecnológica del siempre vigente Little Black Dress, el clásico de la moda que Coco Chanel bocetó en 1926.

Similar propósito, comunicarnos con una facilidad feroz, persigue el Ping Dress, diseñado por Jennifer Darmour, de Electricfoxy. En una etapa de desarrollo superior al M-Dress, permite enviar mensajes por Facebook a través de los gestos. La capucha no es un capricho de diseño sino que cumple funciones básicas gracias a un sensor instalado allí. Al levantarla o ponerla hacia atrás, habilita las comunicaciones vía Facebook, que pueden personalizarse.

Al igual que la HugShirt de CuteCircuit, el vestido Ping tiene un componente háptico (tecnología táctil) integrado en los hombros. Cuando alguien manda un mensaje por Facebook, Ping avisa con un discreto golpecito en el hombro. Darmour utiliza el hardware LilyPad XBee, y sensores integrados en partes clave del vestido. El software puede rastrear las diferentes posiciones de la capucha.

La capucha del Ping Dress
permite manejar sus funciones.

MIRADAS Y SENSACIONES

Las redes sociales como Instagram, Facebook y Twitter han puesto de relieve la hiperexposición y en tela de juicio la intimidad de las personas. De manera artística, pensando en la aparición y desaparición, la diseñadora de moda y profesora de la Universidad de Quebec (Canadá) Ying Gao realizó el proyecto No(where) No(here), para el cual contó con la colaboración del diseñador de robots Simon Laroche. La interpretación de Gao quedó plasmada en dos vestidos, realizados con hilos fotoluminiscentes, que incorporan una tecnología que detecta las miradas de los espectadores. Como resultado, las telas alternan la claridad y la oscuridad según las miradas.

Más osado resulta el proyecto Intimacy, del Studio Roosegaarde (Países Bajos), que tuvo buena repercusión en medios como *Fast Co.* y la revista *Time* (2011). Daan Roosegaarde (1979) se inspiró en unas pantallas de 1 mm de espesor que pasaban del blanco al transparente, según le relató a Pailes-Friedman. ¿Qué diseñó? Unos vestidos que se vuelven transparentes cuando las mujeres que los usan se excitan, presumiblemente, poco antes de una relación sexual. Estas capas electrosensibles reaccionan a los latidos del corazón, que aumentan en este tipo de situaciones. Roosegaarde trabajó en conjunto con V2_Lab y la diseñadora de moda Anouk Wipprecht (1985). La versión Intimacy 2.0 viene en blanco o negro y, según algunos rumores, Lady Gaga y Amber Rose

Daan Roosegaarde diseñó unos vestidos que se vuelven transparentes cuando las mujeres que los usan se excitan, presumiblemente, poco antes de una relación sexual. Estas capas electrosensibles reaccionan a los latidos del corazón, que aumentan en este tipo de situaciones.

los habrían ordenado. Además, según Pailes-Friedman, habría un proyecto de traje masculino con propiedades similares: se vuelve transparente a medida que quien lo lleva miente. No lo pensaron para infieles ni sospechados de crímenes, sino para ejecutivos del mundo de las finanzas.

TOQUE ÍNTIMO

Cada vez más, las relaciones dependen de la tecnología. Las app de citas son las celestinas modernas y, como adelantó la película *Demolition Man*, existen juguetes sexuales que reemplazan el contacto físico. En el film, Stallone y Bullock tienen relaciones mediante unos cascos de realidad virtual y unas esferas sensibles. La escena es de 1993, cuando estas tecnologías prácticamente no existían. La firma Wearable X, asociada curiosamente con la compañía de preservativos Durex, trabaja en ese presente-futuro aún difuso. Produce las prendas íntimas Fundawear, que permiten enviar caricias a zonas erógenas mediante un *smartphone* y una app. Las prendas (sujetador, bragas y slips) combinan tecnologías existentes, como las aplicadas a un pantalón de yoga creado por la misma firma, para concretar este propósito. Todo comienza al tocar la pantalla del *smartphone*, que envía señales vía internet. En la vestimenta, diseñada por Billie Whitehouse, la sensación es recreada sobre la piel con la misma intensidad con que fue emitida. Como dijimos, esa tecnología no proviene de juguetes sexuales existentes sino del pantalón Nadi X, creado para el yoga por Weareable X. Tiene sensores y un sistema táctil conectado vía Bluetooth a una fuente de baja potencia, ubicados cerca de la rodilla. Para hacer los ejercicios, solo hay que colocar el teléfono cerca del mat de yoga y programarlos. Además de recibir las instrucciones por el móvil, pueden realizarse 30 posturas diferentes.

NUEVOS MATERIALES

La preocupación por el medio ambiente tomó mayor impulso en los últimos años. En este contexto, no faltan quienes alertan sobre el uso de fibras sintéticas como el poliéster, que representa el 60% del total. La amenaza radica en las microfibrillas que desprenden estos polímeros y terminan en ríos y mares, como afirma Gema Gómez, de Slow Fashion Next. Por todo ello, las fibras naturales parecen una alternativa para reducir estos costos.

La diseñadora neerlandesa Aniela Hoitink (1975) cree que las fibras que utilizó en uno de sus diseños experimentales ayudarán a combatir estos efectos no deseados. Su tejido está compuesto por trozos de micelio, la parte vegetativa de los hongos, integrada a su vez por pequeños filamentos pluricelulares denominados hifas. Es un material similar al cuero, que nace al combinar las células de micelio con un sustrato de tallos de maíz y nutrientes. Las células crecen en el sustrato durante 10 días y crean una masa interconectada que puede adoptar distintas formas. Para obtener el material, al que denominaron Mylo, no hay que utilizar elementos químicos ni necesita confección, ya que el vestido está formado de círculos del material, y al ser biodegradable, después de usarlo puede servir de abono.

Hoitink, egresada de la Escuela de Artes de Utrecht, fundó la firma NEFFA en 2004, luego de trabajar en compañías como Tommy Hilfiger y Gaastra. En el camino de la moda sustentable, se asoció con Bolt Threads, una empresa de biotecnología que comenzó a trabajar en la producción de seda vegana para objetos de lujo. Esto los llevó a colaborar con Stella McCartney, hija del Beatle Paul y una de las diseñadoras más destacadas en moda sustentable. Fruto de esta colaboración es la tela Microsilk, hecha a base de jarabe de maíz fermentado, que formó parte de la muestra *Is Fashion Modern?* (2019), en el Museo de Arte Moderno de Nueva York. También ha diseñado un bolso con la tela Mylo. Sus proyectos Fur-Free Fur (2015) y Skin-Free Skin (2017) marcan el rumbo de la marca para reemplazar el uso del cuero animal. En 2019, como parte de su colección primavera-verano 2020, Stella McCartney presentó el KOBA Fur-Free Fur, realizado con poliéster reciclado y un 37% de Sorona, para crear una prenda símil cuero totalmente reciclable.

VESTIRNOS DE GRAFENO

Cinco veces más liviano que el aluminio, está constituido por una capa de átomos de carbono, un material superconductor que puede conformar una superficie bidireccional. Es ultradelgado, flexible, altamente resistente (200 veces más que el acero), buen conductor de la electricidad y casi transparente. El grafeno es pariente del grafito utilizado en las minas de los lápices y un material revolucionario que les valió a los físicos Andre Geim (1958) y Konstantin Novosiólov (1974) el premio Nobel en 2010. Su incorporación a la moda llegó en 2019, con el Intu Graphene Dress, resultado del trabajo conjunto del Intu Trafford Centre, la firma de diseño CuteCircuit y el National Graphene Institute de la Universidad de Manchester. Además de su novedosa tela, el Graphene Dress también es interactivo porque aprovecha las cualidades del grafeno. Un sensor capta los patrones de respiración, que son almacenados en tiempo real en una base de datos. Un poderoso microprocesador analiza los datos y, dependiendo de los cambios en la respiración, modifica los colores de los LED incorporados al tejido. Así, cuando una persona que viste este Little Black Dress realiza una inspiración poco profunda, los LED pasan del anaranjado al verde, y cuando es más profunda, del púrpura al turquesa. Como los LED han sido puestos sobre los elementos de grafeno, parece que estuvieran flotando sobre el vestido. Y si bien el Graphene Dress puso este material en el escaparate de la moda, las investigaciones apuntan a una integración completa del grafeno con los textiles naturales más utilizados, el algodón y la lana. Esto haría prescindir de componentes electrónicos rígidos y también de las telas con tintes conductores de plata, una materia prima bastante costosa. En las universidades de Cambridge (Reino Unido) y de Jiangnan (China) se realizan pruebas con un tinte basado en grafeno que, aseguran, ya dio buenos resultados al integrarse con alguna de esas telas.

En España, como parte del proyecto Graphene Flagship que reúne a 150 centros de investigación europeos, también se avanza en las aplicaciones del grafeno en textiles. Por ejemplo, la empresa Textil Santanderina, que integra el proyecto Grafentex

Hongos y base radicular, donde se encuentra el micelio.

El Graphene Dress, presentado en 2019.

Los uniformes de los bomberos en España tienen propiedades ignífugas gracias al grafeno incluido en el tejido de las prendas.

Vestido en *spray* de Fabrican Ltd.

junto con Avanzare, de Navarrete (La Rioja), presentó en 2017 el primer tejido con propiedades ignífugas, gracias a la incorporación de grafeno a una mezcla de poliéster y algodón. Es un tejido técnico, utilizado en uniformes de bomberos y como ropa de trabajo en empresas de fundición.

El futuro del uso del grafeno también incluye prendas biosensoriales que sean capaces de determinar la glucosa en sangre, algo que resultaría de gran utilidad para quienes padecen de diabetes. Y, por supuesto, para llevar conectividad de una manera más cómoda y ecológica. En 2019, en el campus de Alcoy de la Universidad Politécnica de Valencia (UPV), hubo avances al respecto, según un trabajo publicado en el *European Polymer Journal*. El grupo de electrocatálisis, síntesis electroquímica y caracterización de polímeros (GESEP), estudió el uso de materiales textiles como electrodos. Así, llegaron a unos dispositivos que acumulan carga eléctrica en tejidos de carbón activo, grafeno y polianilina, un polímero ya utilizado en textiles, según informó el director del GESEP, Francisco J. Cases. Su uso sería el de abastecer de energía a dispositivos móviles.

TAMBIÉN EN *SPRAY*

Si la búsqueda de nuevos materiales desvela a muchos diseñadores e investigadores, la idea del catalán Manel Torres puede darle a la industria textil un rumbo totalmente impensado. Si su proyecto de ropa en *spray* algún día se transforma en algo masivo, no hará falta mucho más que un aerosol para convertir las partículas rociadas directamente sobre el cuerpo en una prenda que, incluso, se podrá volver a utilizar.

Diseñador y químico, Torres admitió en varias entrevistas que la idea surgió de los aerosoles que convierten su contenido en cintas

de cotillón, tan populares en todo tipo de festejos. A partir de allí comenzó a experimentar en los laboratorios del Imperial College, en Londres. En 2013, junto con el químico Paul Luckham, creó la firma Fabrican Ltd., que en 2019 formaba parte del London BioScience Innovation Centre. La tecnología patentada por Fabrican se basa en una suspensión líquida de polímeros y fibras que puede ser rociada con una pistola o mediante un aerosol en lata, como los utilizados en los desodorantes personales. Las fibras se adhieren una a la otra y se solidifican al tomar contacto con el aire para crear una tela instantánea, no tejida, sobre la propia piel.

El concepto de ropa en *spray* remueve las barreras técnicas y económicas a la hora de ofrecer productos personalizados, ya que podría traducirse en prendas con distintas propiedades físicas (forma, tamaño, textura, color y hasta aroma). La suspensión del aerosol puede combinarse con distintos tipos de fibras como la lana y el mohair, el algodón, el nailon, la celulosa y nanofibras de carbono. Las aplicaciones de estas fibras en *spray* van mucho más allá. «La moda del *spray* es una buena forma de publicitar el concepto, pero también estamos dispuestos a trabajar en nuevas aplicaciones para el transporte sanitario y las industrias químicas», dice Luckham. La confección de vendas instantáneas, con un material totalmente esterilizado, es una de las posibilidades. Pero hay más. Al rociar las fibras sobre una superficie plana, se puede crear un paño del tamaño necesario, totalmente esterilizado e, incluso, con el agregado de una sustancia limpiadora. En este caso, los creadores pensaron en los trapos de cocina, uno de los ítems cotidianos más proclives a contaminarse con gérmenes: vendrían en lata y no habría necesidad de lavarlos y reutilizarlos.

LOS NUEVOS ASTRONAUTAS

Cuesta creerlo pero los trajes de los astronautas han cambiado poco y nada desde 1969, cuando Neil Armstrong (1930-2012) y Buzz Aldrin (1930) caminaron sobre la Luna por primera vez. Sus blancas y pesadas vestimentas habían sido fabricadas por

ILC Dover, de Delaware (Estados Unidos), obviamente en colaboración con la NASA. Esos trajes, denominados A7L, brindan todo lo que necesita un astronauta: oxígeno, calor y protección contra la radiación solar. Eso sí, pesan unos 140 kg en la Tierra, y limitan los movimientos de quienes los usan. Su nombre técnico es Extravehicular Mobility Units (EMU), es decir, unidades de movilidad extravehicular.

La NASA y la empresa ILC Dover siguieron trabajando para mejorar los trajes. A partir de 2012 desarrollaron un modelo más liviano, el Z1. Parecido al que luce Buzz Lightyear en la película *Toy Story*, la parte superior del torso (desde los hombros hasta la cintura) está realizada en materiales suaves capaces de manejar el incremento de la temperatura del traje. Esto permite una reducción considerable del peso en alrededor de 57 kg. Otra innovación es una especie de vestidor (denominado SuitPort) ubicado en el interior del vehículo espacial. Permite que el astronauta ingrese rápidamente en el traje, protegido del polvo y otros elementos del exterior. El Z1 fue testeado en una cámara de vacío en el Johnson Space Center con buenos resultados. Y en ILC Dover aseguran que pronto llegará una nueva versión: el Z2.

Los trabajos dentro de los módulos espaciales, como la Estación Espacial Internacional (International Space Station o ISS), no requieren vestimentas tan pesadas ni rígidas. Sin embargo, casi la mitad de los astronautas padece del alargamiento de la columna vertebral (hasta 7 cm) y son más vulnerables a los desplazamientos de discos vertebrales (tienen 4 veces más posibilidades de sufrirlos) y otras dolencias, como el dolor de espalda, cuando regresan a la Tierra.

Durante la misión IRISS, en septiembre de 2015, el astronauta danés Andreas Mogensen testeó por primera vez el SkinSuit, creación de la firma Dainese (Italia), especializada en vestimenta para motociclistas. Dainese trabajó junto con la Agencia Espacial Europea en trajes que contribuyan a impedir estos problemas físicos, produciendo peso vertical sin comprometer el confort ni el movimiento. El SkinSuit se confecciona a medida, tomando 150 puntos de referencia del cuerpo del astronauta. La parte superior lleva una tela no elástica con acolchado interno. En

El aspecto de los trajes para usar en el espacio, llamados EMU, permanece casi idéntico desde la década de 1970.

Dava Newman en el BioSuit.

tanto, la parte que comprime la columna posee un material elástico que descarga la carga vertical alrededor de las piernas y el torso (los prototipos se confeccionaron con spandex).

Aunque el proyecto nació con la mira en la ISS, los usos del SkinSuit también se aplicarían en la Tierra para tratar el dolor de espalda o mejorar las vestimentas de personas con parálisis cerebral. En Florencia, cuando Dainese y la NASA presentaron el SkinSuit, se encontraban la investigadora estadounidense Dava Newman (1964) y su marido, el arquitecto espacial argentino Guillermo Trotti (1949). Ellos no habían asistido por cuestiones de turismo sino para anunciar otro traje de avanzada, el BioSuit, diseñado para el primer astronauta que llegue a Marte en los próximos años. Este utiliza el concepto de líneas de no extensión, necesario para aplicar presión mecánica al cuerpo sin restringir sus movimientos. Este traje se realizaría con la tecnología D-air, un *airbag* vestible utilizado en vestimenta deportiva, creado por Dainese. La idea del BioSuit nació cuando Newman y Trotti navegaban alrededor del mundo en el yate *Galatea*, en 2001. Trotti ya había diseñado un prototipo de vehículo lunar, el Scorpion, y ahora comenzaba a enfocarse en un casco que resultara mucho más cómodo que los actuales. Newman se concentró en la necesidad de asegurar la presión del BioSuit: cerca de un tercio de la atmosférica al nivel del mar (760 mmHg) y similar a la reinante en la cima del Everest (300 mmHg).

En realidad, en 1968, durante la carrera espacial entre Estados Unidos y la Unión Soviética, el fisiólogo Paul Webb diseñó un traje espacial innovador, basado en el principio de la contrapresión mecánica. Sin embargo, el proyecto no prosperó porque se necesitaban materiales más avanzados que el spandex, o similares, utilizados entonces.

Retomando las investigaciones de Webb –quien fue asesor del nuevo proyecto–, Newman imaginó un traje confeccionado con

125

Presentación del Space Suit de Virgin
Galactic en Nueva York en 2019, en una
pasarela vertical de gravedad cero.

fibras realizadas en oro, que funciona como una segunda piel.
Además de permitir moverse con mucha más facilidad, recopila
información fisiológica mediante sensores biométricos. Mientras
esperamos que las misiones tripuladas a Marte se concreten,
como reconoce Newman, un modelo similar al BioSuit puede
verse en la película *The Martian* (2015), donde Matt Damon viaja
al planeta rojo.

EL SPACE SUIT, DE VIRGIN GALACTIC

Como vimos, Marte es la próxima meta de la carrera espacial,
en la que ahora también compiten empresas privadas, además
de las agencias estadounidense, europea, rusa y china. La compañía Virgin Galactic es un proyecto de sir Richard Branson,
propietario de Virgin Atlantic, una aerolínea exitosa que fundó
en 1984. Su objetivo consiste en llevar viajeros a Marte, como
si fuera una aerolínea comercial terrestre, por un pasaje que
costaría 250.000 dólares. En 2019, Virgin Galactic, en conjunto
con la firma Under Armour, presentó el UA VG Space Suit, también pensado como una segunda piel, para vestir en el espacio.
El traje es un muestrario de tecnologías y materiales desarrollados por Under Armour.

La tecnología UA RUSH, incorporada en prendas deportivas, mejora la *performance* y el flujo de la sangre en condiciones de gravedad cero. En pocas palabras, absorbe la energía corporal para enviarla a músculos y tejidos. Además, la capa base
incluye la fibra Intelliknit, que permite el manejo de la humedad y la temperatura en condiciones extremas. El UA Clone es
un material muy expandible, que se adapta de manera exacta a
la forma del cuerpo, en especial en codos y rodillas, para brindar
óptima movilidad. El UA HOVR forma parte de los hombros y

Este diseño para una astronauta,
por ahora, solo es una
aproximación futurística.

ADN DE ALEXANDER MCQUEEN

La diseñadora eslovena Tina Gorjanc era casi una desconocida hasta que sorprendió con su tesis para obtener un máster en Materiales Futuros por Central Saint Martins, de Londres. Su idea consistía en elaborar un tejido con ADN del diseñador Alexander McQueen (1969-2010). La noticia llegó a *The New York Times*, en 2017, causó revuelo en el mundo de la moda y puso en evidencia qué tan fácilmente se puede conseguir información personal como medio de identificación prácticamente indubitable. En este caso, casi por voluntad del propio McQueen, quien había cosido mechones de su pelo en un abrigo de seda, parte de una colección de 1992.

Ese fue el inicio del proyecto Pure Human (2016), cuyo prototipo, en realidad, tenía piel de cerdo y no del diseñador. Para realizarla con piel humana habría que recurrir a la ingeniería de tejidos, ya utilizada para reemplazar tejido humano.

129

el cuello, para reducir el impacto de la fuerza G durante el vuelo. Otras fibras presentes en el Space Suit son Tencel Luxe, SpinIt y Nomex, relacionadas con el control de la temperatura y la humedad. Cabe destacar que el traje posee varios bolsillos para elementos de comunicación e, incluso, uno transparente para llevar fotos de seres queridos bien cerca del corazón. Un detalle, como las pequeñas etiquetas de nuestras prendas, en medio de tanta tecnología. Porque, al fin y al cabo, la ropa nos acompaña, y nos seguirá acompañando, en todo momento.

GLOSARIO

Acabado. Proceso realizado generalmente al final de la producción sobre una fibra, una tela o una prenda para modificar sus características.

Alúmina. Óxido de aluminio presente en la naturaleza puro o cristalizado. Junto con la sílice, tiene gran importancia en la formación de arcillas y esmaltes.

Biomimetismo. Analizar no solo las formas de la naturaleza sino fundamentalmente la función.

Bluetooth. Marca registrada de una tecnología desarrollada en 1994 que permite la conexión inalámbrica de distintos dispositivos electrónicos, para la transmisión de voz, datos, etcétera.

Carbono. Elemento químico que abunda en la naturaleza, en seres vivos, minerales y atmósfera. Presente en forma de diamante o grafito, es la base de la química orgánica.

Celulosa. Polisacárido (hidrato de carbono formado por una cadena de monosacáridos) integrante de la pared de las células vegetales.

Celulosa bacteriana. Compuesto orgánico con la fórmula $C_6H_{10}O_5$ producida a partir de ciertos tipos de bacterias en un baño por lo general estático de fermentación.

Denim o mezclilla. Tela de algodón con ligamento de sarga y urdimbre teñida en azul índigo, cuyo origen está relacionado con la ropa de trabajo. Es la tela utilizada para los jeans, o pantalones vaqueros, aunque su uso se ha extendido a faldas y chaquetas, entre otras prendas.

Desorción. Fenómeno por el cual un gas abandona un sólido cuando este alcanza cierta temperatura. Se lo vincula a la capacidad de algunas fibras de transportar la transpiración hacia el exterior.

Extrusión. Es un proceso por el cual una masa plástica, metálica o de otros materiales pasa por una abertura, a presión, para recibir una nueva forma.

Fibra óptica. Conjunto de hilos de vidrio muy transparentes por los cuales se transmite información mediante señales luminosas.

Fibra textil. Filamentos o hebras utilizados para formar los hilos que luego integrarán las telas. Pueden ser naturales, artificiales o sintéticas.

Grafeno. Material compuesto por átomos de carbono y que se obtiene del grafito. Excelente conductor de la electricidad, flexible y a la vez resistente.

Háptico. Sinónimo de táctil. En tecnología, hace referencia a interfaces que accionan mediante el sentido del tacto.

LED. Sigla de Light-Emitting Diode. Diodo conductor de luz, del tipo p-n, que emite luz cuando está activado.

Lignina. Sustancia natural que forma parte de la pared celular de muchas células vegetales, a las cuales da dureza y resistencia.

Microencapsulación. Tecnología para encapsular agentes funcionales líquidos, sólidos o gaseosos dentro de una pared adecuada que protege la sustancia y en algunos casos permite controlar su liberación. Puede ser micro, nano o molecular.

Microprocesador. Circuito integrado de un sistema informático, conectado a una placa base y encargado de ejecutar programas hasta las aplicaciones del usuario.

Nanopartícula. Partícula cuyas dimensiones son inferiores a 100 nm (nanómetros). Un nanómetro (nm) es una unidad de medida equivalente a una milmillonésima parte de un metro.

Polietileno. Polímero obtenido a partir del etileno. Este es un gas incoloro, inflamable, obtenido, a su vez, del gas natural.

Polietilentereftalato (PET). Polímero obtenido mediante una reacción entre ácido tereftálico y etilenglicol.

Polímero. Compuesto natural o sintético formado por unidades estructurales denominadas monómeros. Surgen de la polimerización, que consiste en la unión de dos o más moléculas de la misma composición y diferente peso molecular.

Politetrafluoroetileno (PTFE). Polímero similar al polietileno en el cual los átomos de hidrógeno fueron reemplazados por átomos de flúor. Conocido también como teflón, es muy resistente al calor y a la corrosión.

PVC. Sigla de policloruro de vinilo. Es una resina que surge de la polimerización de derivados del cloruro de vinilo.

Rayos UV. Es una radiación electromagnética emitida por el Sol que produce diversos efectos sobre la piel.

132

Sarga. Tela de un tejido que forma líneas diagonales.

Urdimbre. Hilos longitudinales que se colocan paralelos para realizar una tela.

BIBLIOGRAFÍA RECOMENDADA

○ Hollen, Norma, Jane Saddler y Anna Langford. **Introducción a los textiles.** Limusa, México, 2010.

○ McCaan, J. y D. Bryson (eds.). Smart Clothes and Wereable Technologies. CRC Press, Boca Raton, 2009.

○ Pailes-Friedman, Rebecca. **Tejidos inteligentes para diseñadores. Reinventando el futuro de las prendas.** Parramón, Badalona, 2016.

○ Patnaik, Asis y Sweta Patnaik (eds.). **Fibres to Smart Textiles. Advances in Manufacturing, Technologies and Applications.** CRC Press, Boca Raton, 2020.

○ Porcel Ziarsolo, Alazne y Enara Artetxe Sánchez. **Una introducción a los textiles artificiales en las colecciones de indumentaria del siglo xx y su conservación.** Universidad del País Vasco, 2015.

○ San Martín, Macarena. **El futuro de la moda, tecnología y nuevos materiales.** Promopress, Barcelona, 2010.

PRINCIPALES FUENTES

○ Aouda.X, **Spacesuit simulator for planetary surface exploration:** https://bit.ly/3aJSz9D

○ BBVA. **¿Tiene futuro la ropa inteligente?:** https://bit.ly/37qwwTs

○ Cnet.com. **Levi's lanzará chaquetas inteligentes con tecnología de Google Jacquard:** https://cnet.co/2RVjXct

○ **Dava Newman y Guillermo Trotti, casados con el espacio:** https://bit.ly/30UIJxa

○ **El arquitecto argentino que diseña el futuro en el espacio:** https://bit.ly/3aHdXMS

○ Fundawear. **15 Questions with Billie Whitehouse:** https://cnn.it/2uySXr1

- Lee, Suzanne. **Grow your own clothes:** https://bit.ly/2RxwtzT

- Montagut Contreras, Eduardo. **La Revolución del algodón en Inglaterra:** https://bit.ly/310ONVc

- Organización para la Alimentación y la Agricultura (FAO). **Perfiles de 15 de las principales fibras de origen vegetal y animal:** https://bit.ly/3aNP3Lt

- **Plant-based footwear from DuPont Tate & Lyle's Bio-PDO:** https://bit.ly/2vksf5L

- Sánchez Martín, Javier R. **Los tejidos inteligentes y el desarrollo tecnológico en la industria textil.** Revista Técnica Industrial, 2007.

- Under Armour. **The World's First Spacesuit Engineered for the Masses:** https://undrarmr.co/2RY3kNk

- Los sitios web de Knitting Industry, Fashion United, Lenzing AG, DuPont Corporation, CuteCircuit, Qmilch / Qmilk, Trucker Jacket Levi's, Ivyrevel, Lumigram, Schoeller Textil AG, Zazen, Grado Zero Innovation, Ministry of Supply, Tina Gorjanc, Agencia Espacial Europea (ESA), NASA, ILC Dover, Electricfoxy, Studio Roosegaarde, Wereablex, Fabrican Ltc., Neffa, Modern Meadow, Bolt Threads.

TÍTULOS DE LA COLECCIÓN

Inteligencia artificial
Las máquinas capaces de pensar ya están aquí

***

Genoma humano
El editor genético CRISPR y la vacuna contra el Covid-19

***

Coches del futuro
El DeLorean del siglo XXI y los nanomateriales

***

Ciudades inteligentes
Singapur: la primera smart-nation

***

Biomedicina
Implantes, respiradores mecánicos y cyborg reales

***

La Estación Espacial Internacional
Un laboratorio en el espacio exterior

***

Megaestructuras
El viaducto de Millau: un prodigio de la ingeniería

***

Grandes túneles
Los túneles más largos, anchos y peligrosos

***

Tejidos inteligentes
Los diseños de Cutecircuit

***

Robots industriales
El Centro Espacial Kennedy

***

www.ingramcontent.com/pod-product-compliance
Lightning Source LLC
Chambersburg PA
CBHW062028200326
41519CB00017B/4963